やっぱり楽しい
オーディオ生活

麻倉怜士
オーディオ・ビジュアル評論家

アスキー新書
012

はじめに〜オーディオをもう一度趣味として取り戻すために〜

若い頃、とてもオーディオが好きだったのに、ある期間、音楽やオーディオから遠ざかってしまっている人は多いのではないでしょうか。サラリーマン編集者だった私の経験からしても、20代の頃はそれなりに時間が取れましたが、30代になると急に仕事の方が忙しくなり、趣味に時間を費やすことが難しくなってしまいました。それでも、私の場合は極端に音楽好きだったので、毎日のように徹夜で仕事を続けながらも、週に3回は会社を抜け出してはコンサート会場に通いました。でも、こんなケースは例外でしょう。

一般的には、年齢とともにどうしても仕事の負担が重くなり、あるいは子育てに追われ、好きだったオーディオや音楽を「卒業」せざるを得なくなる場合が多いことでしょう。音楽そのものにはまだ興味があって、時折目についたCDを買い求めたり、音楽番組を見たりはするものの、なかなか昔のような情熱を取り戻すことができない人がたくさんいるはずです。音楽というものは、やはり心に余裕がないと、十全に浸りきれないものなのかもしれません。

しかし、そうやってオーディオを「卒業」した人たちも、仕事をリタイアする50代、60代になると、ふたたび自分の時間を取り戻します。若い頃と違って、自由に遣えるお金もあります。するとふと、オーディオに対する昔の情熱がよみがえってくる人も多いようです。特に団塊の世代の人たちが大量退職する今年あたりからは、「オーディオをふたたび自分の趣味として楽しみたい」と考える人も増えてくるのではないでしょうか。


音楽業界を見渡してみても、いま、興味深い現象が起きています。60～80年代のヒット曲をテーマ別に編集した、いわゆるコンピレーションCDが、ここ数年続々と発売されるようになりました。テーマはグループサウンズ、女性アイドル歌手、フォークソング……などなどですが、人気が高く、よく売れているようです。

クラシック音楽を再評価する動きも顕著です。２００６年はモーツァルトの生誕２５０周年にあたり、とても多くのＣＤが発売されました。その中で特に売れたのは、入門層に向けた、やはりコンピレーションＣＤでした。交響曲第40番ト短調、第41番ハ長調、ピアノ協奏曲第26番ニ長調「戴冠式」などの有名曲ばかりを集めたＣＤが、社会現象的といってもいいくらい、ヒットしました。

コミックとしてベストセラーになり、その後、フジテレビで放映されたドラマ『のだめカンタービレ』の影響も大きかったですね。この作品は、ある音楽大学に学ぶ指揮者志望の主人公の男子学生と、ピアノ科に学ぶ女子学生などとの交友を描いた物語ですが、作中では、ベートーヴェンの交響曲第7番イ長調、交響曲第3番変ホ長調「英雄」などのオーケストラ曲、モーツァルト、シューベルトなどのピアノ独奏曲など、多くのきちんとしたクラシック音楽が場面に応じて適切に選曲されており、音楽ファンにとっても大いに聴きごたえがありました。それまでロックやポップスしか聴いてこなかった若い人たちの中にも、『のだめカンタービレ』でクラシックの素晴らしさに目覚めた人が多かったでしょう。

その結果、クラシックの音楽会に若い人たちが数多く訪れるようになったり、クラシックのCDがヒットチャートにランクインしたりするなど、〝のだめ現象〟と呼ばれるムーブメントが起こりました。

こうした動きは、単にクラシック音楽の復活というだけでなく、社会全体がより良い音楽を求めるようになってきたこと、言い換えれば、社会の中での音楽の存在感が増してきたことの現れだと思います。

「いい音で音楽を聴きたい」というニーズが増していると思った理由は、ある大手家電量販店から「麻倉先生のオーディオコーナーをつくりたい」という話が来たことです。何でもその店のオーディオコーナーを訪れるユーザーからは、「昔のオーディオ全盛時にオーディオを楽しんでいたのだが、いま、もう一度オーディオをしっかりやってみたい」という声が多く寄せられているということでした。

再度いい音で聴こうと思っても、専門誌や専門店はマニアックすぎ、オーディオ再入門を希望していても、敷居が高かったのですね。そこで、私のチョイスで単品コンポーネントを組み、それぞれに「ジャズ向け」「室内楽向け」などのコンセプトを与えることで、わかりやすく、好みの音を選べるような店頭構成を行い、ニーズに応えることにしたのです。２００７年４月現在、その量販店の私のオーディオコーナーは全国で６店舗に置かれています。

一方、電機業界の側にも、ここへ来て新たな動きが見られるようになりました。

オーディオが個人の趣味として確立したのは、１９７０年代から80年代の初めにかけて。熱中度の差こそあれ当時はほとんどの若者が、一度は音楽鑑賞とオーディオという趣味に足を踏み入れたものです。ところがその後社会が豊かになるにつれて、さまざまな分野に趣味が多様化したためか、オーディオもかつての人気を失ってしまいます。

業界事情をみても、いわゆる映像なしのオーディオ（業界では「ピュアオーディオ」という言い方もあります）よりＡＶ（オーディオ・ビジュアル）、あるいはＩＴ寄りの携帯型デジタルプレーヤーへとユーザーニーズがシフトしたことで、オーディオ事業を縮小するメーカーが目立ちました。

それらがあいまって、今日言われている〝オーディオ不況〟という状況に陥ったのです。ここ10年あまりの間に、多くの有名メーカーがオーディオ分野から撤退したり、ＩＴ関連に軸足を移したりしたことも事実です。

そんなオーディオの世界が、いま、元気を取り戻しつつあります。映像とセットではなく、純粋に音だけで楽しむピュアオーディオの新製品が、市場で少しずつ目立ってきたのです。しかも、それらのオーディオ機器の多くには、〝大人の〟という枕詞が付けられています。たとえば、音が良くて操作性に優れ、デザインも秀逸な上質のコンパクト・コンポーネントなどが、各メーカーから提案されています。これらは若者向きというより、明らかに熟年世代の音楽ファンを意識したシステムです。長らく試行錯誤を続けてきたオーディオメーカーも、ここに来て目指すべき方向がはっきり見えてきたようです。

このように、音楽ソフトの分野でもオーディオ機器というハードの分野でも、時代の風はいま「音楽が楽しめるオーディオ」に向かって吹いています。「オーディオをもう一度趣味として取り戻したい」とお考えの皆さんには、まさに〝機は熟した〟というべきでしょう。

そして本書では、まさにそんな方々に向けて、オーディオ再入門のためのノウハウを、やさしく、でも詳しくまとめてみました。本書をきっかけに、皆さんがより豊かな音楽生活と、より充実したオーディオ生活を送られることを願ってやみません。

やっぱり楽しいオーディオ生活

——目次——

第6章 もっといい音を聴きたくなったら

第1章　いい音で聴けば、音楽はより感動できる

音楽をさらに感動的に愉しむのがオーディオの役割

オーディオとは何かを考えるために、まず再生音楽の歴史をひもといていきましょう。エジソンが蠟管《ろうかん》というメディアを使って音楽の記録と再生に成功したのは、19世紀後半のこと（蠟管式の前身である錫箔円筒式《すずはくえんとう》は1877年）。

これは実に画期的な発明でした。というのも、それまで音楽を伝えるメディアとしては、唯一、楽譜しか存在しなかったのですから。もちろんたとえ楽譜があっても、楽器があり、演奏者がそこにいなければ、人々は音楽を聴くことができません。しかも、演奏の内容は演奏する人によって変わるため、必ずしもオリジナルのコンテンツをそのまま聴けるわけではありません。蠟管という音楽メディアが誕生して初めて、人々はオリ

ジナルのコンテンツである音楽演奏そのものに触れることができるようになったのです。

蠟管から出発した音楽メディアは、その後円盤に形を変え、直径25㎝で毎分78回転のSP（スタンダード・プレイの略です）レコードへと発展しました。針音の中に音楽が聞こえるというような、とてもノイズの多いメディアでしたが、これを蓄音機で再生すると、すごく実体感のある音がしました。直接の機械的振動だけで音を増幅させていたためでしょう。

その後1948年に入って、直径30㎝で毎分33と1／3回転のLP（ロング・プレイ）レコードが登場します。LPは最初はモノラルでしたが、収録時間は5～6倍に延び、スクラッチノイズはSPに比べてはるかに少なく、記録された音楽をより精細に、リアルに聴き取れるようになりました。さらにモノラルからステレオへ進化し、音楽を立体的に記録できるようになって、アナログの音楽メディアはいちおうの完成を見ます。

オーディオとは作曲家や演奏家の「思い」を再現するもの

ここから先の展開は皆さんもよくご存じでしょう。デジタル技術の進歩により、

1982年、ついにCD（コンパクトディスク）が登場。92年には初のデジタル圧縮メディアであるMD（ミニディスク）が発売され、99年にSACD（スーパーオーディオCD）、2000年にDVDオーディオが登場。21世紀に入ってからは、iPodをはじめとするMP3系デジタル圧縮メディアが隆盛を誇っています。

こうした20世紀から世紀にかけての音楽メディアの歴史を俯瞰してみると、全体をひとつの概念が貫いていることに気づきます。その概念とは、〝ハイ・フィディリティー〟。すなわち、メディアに記録されたコンテンツを、いかにオリジナルに忠実に再現するかということです。考えてみると、エジソンが蠟管メディアを発明したときからオーディオの歴史も始まっていたのです。音楽がメディアに記録されれば、その後は必然的に、それをいかに忠実に取り出し、再生するかがテーマになりますから。

では、オーディオとは一体何でしょうか。再生装置としてのオーディオ機器の理想は、音楽に奉仕して、音楽の本質を引き出し、聴く人に感動を与えてくれるということですね。私は「音楽性」という言葉を使います。楽曲を作曲した人の思い、楽譜を見て解釈して演奏する人の思い、演奏をマイクに録ってミキシングしてパッケージメディアに仕上げる音楽制作者の思い……など、数限りない「思い」がパッケージに凝縮されているのです。その思いをそのまま自然に発露させ、再現させる音の出方のことを、私は「音楽性のある」音と言っています。

その意味ではオーディオとはメディアに記録された音楽性を、家庭で正確に再現するための手段なのですね。音に込められた数々の「思い」をどれくらいストレートに伝えられるか、その価値を保てるかがオーディオにおける音楽性という言い方もできますね。音楽性豊かに、コンテンツが持つ価値の源泉を再生することで、感動性のある音を愉しむことができ、至福の時間を過ごすことができるのが、オーディオの醍醐味なのです。

つまり、単に音が聞こえるというレベルではなく、音楽をより感動的に愉しむためにこそ、オーディオはあるのですね。そして、オーディオがそのためのテクノロジーとして発展してきたからこそ、音楽を聴くという行為が社会的・文化的に認められるようになり、音楽鑑賞を趣味とする人々を今日のように増やしていったのだと思います。

ですから私はオーディオを選ぶ時は、クオリティーもさることながら、その音に音楽性があるかどうかを最大のポイントにしています。単に周波数特性が良いとか、ダイナミックレンジが広いというだけでは、その目的には不十分です。CDプレーヤーのソース機器、アンプの信号処理／増幅機器、スピーカーの電気／振動変換機器のそれぞれのステージで、「音楽性」が必要とされるのですね。

作曲家の意図性を表現できるのがオーディオの魅力

作曲家の意図性を表現することはオーディオの醍醐味の一つです。たとえばチャイコフスキー交響曲第6番「悲愴」の第4楽章冒頭では、普通すべて第1ヴァイオリンのみで弾く旋律を、第1ヴァイオリンと第2ヴァイオリンが交互に1音ずつ弾いていきます。

現在のオーケストラの配置（米国の指揮者レオポルド・ストコフスキーが考えたスタイル）では、左がヴァイオリンの高音楽器で右がビオラやチェロの低音楽器という案配なので、ヴァイオリンは第1／第2ともに同じ左の位置となり、オーディオで聴くと左側のスピーカーからだけ旋律が聴こえて、1音ずつ別のパートヴァイオリンで弾くという、この曲の面白みが薄れてしまっています。

ですがストコフスキー以前のオーケストラ配置では左が第1、右が第2となり、1音ずつ左右のスピーカーから出てくるという、作曲者が意図した通りのステレオ効果のダイナミックなサウンドになるのです。チャイコフスキーの発想はオーディオ的というか、ステレオ音響を見据えた曲作りをしているのですね。スコア（総譜）を見ると、音場的な発想でオーケストレーションを書いていることがわかります。

そうなると、悲愴交響曲をクラシカル配置の音源で再生するオーディオ装置は、きちんとセパレーション（左右の分離）が確保されていなくてはならないのですが、それも「ステレオ音響だからセパレーションが重要だ」という技術論ではなく、「悲愴」第4楽章のような楽曲の音楽性を理解した上で「作曲家の意図、狙いを最大限に伝えるためにセパレーションが必要なのだ」という考えをするのが、「音楽的なオーディオ」ということですね。

デジタルオーディオとは何か

82年のＣＤの登場以降、オーディオのデータ伝送方式は、アナログからデジタルへと移行しました。今日では音楽メディアといえば、ほとんどがデジタルです。では、デジタルオーディオとは何か。それを説明するには、デジタルの代表であるCDと、アナログの代表であるLPレコードの違いから述べるのが、わかりやすいでしょう。

CDを初めて聴いたときの衝撃は、いまでも覚えています。LPレコードの場合、演奏が始まる前に、パチパチというスクラッチノイズがかならず聞こえます。カートリッジをレコードに静かに下ろすと、針が案内溝をトレースしている間にホコリなどのノイズを拾い、それがパチパチノイズになるわけです。「竹屋の火事」という形容もできました。それはあたかも演奏会場で、開演のベルが鳴ってからあちこちで聞こえる咳払いにも似ていて、「さあ演奏が始まるぞ」と聴く側も思わず身構えました。大げさにいえば、アナログディスクの再生にはある種の儀式性があったといえるでしょう。

ところがCDを再生する場合、ノイズはまったく聞こえない。無音の状態から、いきなり演奏が始まります。これには非常に驚かされたし、強く印象に残りました。

また、レコードやカセットテープのアナログメディアでは、かならず「音揺れ（ワウ・フラッター）」という現象が発生します。これはドライブ機構の回転ムラにより生じる現象で、極端に揺れた場合は「ワウワウ」と聞こえますが、そこまで揺れなくても、音の濁りにつながります。一方ＣＤの場合、ディスクの回転ムラが音楽信号に直接影響することがない（補完訂正が効く）ため、音揺れは起こりません。

もうひとつ、ＬＰとＣＤの違いが顕著に現れるのは「セパレーション」です。ステレオ録音の場合、右チャンネルと左チャンネルの信号は本来まったく別物なのですが、レコードを再生すると、カートリッジが他チャンネルの信号まで拾ってしまい、結果的に左右のチャンネルが混じり合った音になります。こうした現象は「クロストーク」といわれ、ステレオ感が失われるばかりか音自体が劣化します。ところがＣＤでは、理論上クロストークは発生しません。

こうした優位性は、ＣＤをはじめとするすべてのデジタルメディアに当てはまる普遍的なメリットです。

デジタルオーディオの三原則

デジタルオーディオには、覚えておきたい三つの原則があります。何かというと、

①デジタルはオリジナルの信号にきわめて忠実に再生することができる。

②デジタルは信号を圧縮することができる。
③デジタルは信号を統合することができる。

デジタルは通信技術として60年代に最初に考案されました。信号を0と1で表すことで、合理的かつ効率的に信号を蓄積したり送ったりできるという発見が始まりでした。そこにオーディオが目をつけました。昔から変わっていないオーディオのメディアとしての大原則は、「音楽演奏の音を電気信号に換えて、メディアに乗せてユーザーに届ける」ということですが、その手段にデジタルを使うことで、はるかに合理的に、はるかにコストが安く、はるかに大量に伝送できるとわかったからです。

順番は逆ですが、まず②から説明すると「圧縮が利く」とは、つまり伝送・蓄積できる「情報量が増える」ということです。80年代後半に圧縮技術が出現したのは、とても重要な出来事でした。CDやDAT（デジタルオーディオテープレコーダー）は、元の音を圧縮せずにそのままデジタル化していますが、92年のMD以降は圧縮技術が進んで記録できるデータが増えてきました。高品質のメリットだけだとコストにはあまり関係ありませんが、圧縮技術が入ってきたことで一挙にデジタル化が進歩したと思います。

③は「一つのメディアで複数のコンテンツの信号を伝送できる」ことです。これまでのアナログの考えだと、音声信号は音声だけ、映像信号は映像だけとメディアとコンテンツが一対一の関係でしたが、デジタルはどんなコンテンツの信号も0と1の信号の形だけで表します。そこで、0と1を多重化すれば一本の信号で何でも送れるようになります。データを分けずにあらゆるマルチメディアコンテンツを同時に伝送できるので、ネットワークの発展性は大きいのですね。

ノイズに邪魔されないデジタルの魅力

ハイ・フィディリティーという観点に戻ると、①の「デジタルはオリジナルの信号にきわめて忠実に再生することができる」という原則がとても重要です。ノイズは、すべての処理の過程において必ず発生するからです。それは伝言ゲームをイメージするとわかりやすいですね。ある教室に、40人の生徒がいるとします。最前列の廊下側にいる生徒に、先生がこっそり「私は明日の土曜日、成田発9時30分のJAL789便で、2週間のニューヨーク旅行に出かけます」と伝え、後ろの生徒にもその情報を伝えてほしいと頼みました。そうやって、情報が人から人へと次々に伝達されていった場合どうなるでしょう。40人目の最後列の窓側にいる生徒に伝わる頃には、「来月11日、関西空港を11時発のエールフランス便でパリに1カ月、行ってきます」となっているかもしれません。最初の情報とはまったく違ってしまいますね。

なぜそうなるかといえば、情報がA君からB君へと伝わる間に、かならず何らかのノイズが入るからです。ノイズというとわかりにくいですが、思い違い、記憶違いで少し間違ったことを言ってしまうのですね。そしてそのノイズは、B君からC君へと伝わる間にさらに増幅され、元の情報をマスキングしたりします。アナログで情報を伝えていくと、どうしてもこういう現象が起こってしまいます。

これをアナログディスクの録音・再生に置き換えて考えてみましょう。ある音楽家の演奏がレコードになるまでには、マイク↓ミキシング↓テープレコーダー↓マスタリング↓マスターテープ↓カッティングマシン↓ラッカー盤↓マスター盤↓マザー盤↓スタンパー↓レコード盤と、少なくとも11の工程が必要です。そうしてできたレコードを再生するには、カートリッジ↓フォノイコライザー↓アンプ↓スピーカーと、さらに4つの工程が加わります。その都度、何らかのノイズが入り込んで、積み重なっていくのですから、最終的な音がオリジナルのままということは決して、ありえません。

アナログとデジタルの最大の違いとは？

それでは、CDの場合どうでしょうか。製造工程ではマイク↓ミキサー↓PCMレコーダー↓マスタリング↓マスターテープ↓レーザーカッティングマシン↓スタンパー↓CDの最低8工程が、再生するにはCDプレーヤー↓アンプ↓スピーカーの3工程が必要になります。デジタルといえども〝伝言ゲーム〟である以上、各工程では当然何らかのノイズが加わるはず。アナログではノイズをそのまま出すしかありません。しかし、デジタルは最後に受け取った段階で、途中でノイズが入ったとしても前後の信号から勘案してエラーを訂正し、元に近い形に戻すことができます。

これがデジタルならではの補完訂正という技術の凄さです。ごく大雑把にいえば、「0010001000100000」というデジタル信号が並んでいた場合、前後の並びの特徴から4つ目の「0000」は実は「0001」ではないかと機械の方で判断して

「0010000100010001」に違いないはずと訂正するのです。補完訂正された信号は、もちろん元の信号とまったく同じではありませんが、きわめて近似のものになります。アナログの場合、ノイズリダクションシステムでノイズを除去することもできますが、そうすると音楽信号の一部までカットされてしまいます。デジタルではノイズだけ取り除くシステムが確立されているのです。

つまりデジタルオーディオとアナログオーディオの最大の違いは、一つの機器から別の機器にデータを転送するとき、元のデータ量が変化するかどうか——ということです。アナログの場合データ量は必ず変化しますが、いま述べた理屈によってデジタルの場合はほとんど変化しません。だからこそデジタルオーディオでは、音楽をよりいい音で聴ける可能性が高いわけです。ただし元の信号に忠実＝高品質ではありません。元の信号が高品質ならその信号に忠実だし、元が低品質なら低品質に忠実ということで……。

そもそも「いい音」とは何か

デジタルオーディオは音がいい。理論的に、それは確かなようです。ところがその先に、実はきわめて重要な問題が横たわっています。CDの音を耳にしたとき、おそらく多くの人が次のように思ったのではないでしょうか。なるほど、レコードに比べて、CDはノイズが格段に少ない。でも、これが本当にいい音なのだろうか……と。

アナログ時代に聴いた音は、確かにノイズが多かった。しかし、ノイズの中に真の音楽があって、音楽の鳴り方も朗々としていて、温かみと同時に音の実在感があった。それがアナログ時代の「いい音」だったわけです。

実は国産CDプレーヤーの記念すべき第1号機、ソニーCDP-101が登場したとき、評論家の間でCDの音に対する評価が真っ二つに分かれました。「SN比が抜群に良く、音がきれいで素晴らしい」という意見と、「音が冷たくて、硬くて、薄っぺらい」という意見と。必ずしもすべての人がいい音と評価したわけではなかったのです。

そもそも、「いい音」って何でしょう？　私の考えるそれの条件とは、前にも書きましたが、再生された音の中に、演奏のすべての情報が入っていること。周波数特性、SN比、立ち上がりの良さなど、物理特性はもちろん重要です。と同時に、演奏家の演奏に込めた思いや、作曲家のコンセプトが聴き手にきちんと伝わることも、とても大切です。そして、それらをトータルして、音楽の感動をリスニングルームでそのまま再現できること。そんな音こそが、いい音なのだと思います。

少し抽象的な言い方だったかもしれません。もっと具体的にいいましょう。私が考えるいい音とは、一言でいえば「自然な音」です。再生した楽器やヴォーカルの音が、その楽器やヴォーカル本来の鳴り方そのもので鳴っている音。言い換えれば、"as is"の音ですね。つまり、そのまんまの音。これはクラシックに限らず、洋楽やポップス、特にヴォーカル系のアコースティックな音楽では重要な要素だと思います。

その対極にあるのが「不自然な音」ということになりますね。不自然な音には、必ず何らかの強調感が加わっています。周波数的にある帯域が強調されているとか、本来小さいはずの音が大きく鳴っているとか。聞こえるはずの音がカットされているとか、音の立ち上がりが異常に良かったり、逆に遅かったりという具合です。そういった人為的な加工が施された再生音はとても不自然で、聴いていて心地よくないし、音楽の感動も得られないと思います。音楽メディアに入っている音そのものが不自然な場合もあれば、再生装置側で不自然な音にしてしまうこともあります。

アナログのいい音とデジタルのいい音

ここで、デジタルオーディオに話を戻します。

ＣＤが登場した当初、デジタルの音を聴いた一部の人たちは「音に自然さがない」「音がキツい」「音が硬い」と評しました。それらがそのまま、悪い意味で「デジタルの音」の意味として定着してしまった感があります。アナログの音を「自然な音」だとすれば、デジタルの音は「不自然で虚飾にあふれた人工的な音」というわけです。

とはいえデジタルにはデジタルならではの技術的な良さがあります。特に、物理特性面でのアナログに対する優位性は動かせない事実です。だとすれば、この良さを活かしながら短所を克服してあげれば、デジタルの音はもっといい音になるはずですね。

２００７年は、ＣＤがこの世に登場して満25年。今日までの歳月は、実はＣＤに関わる多くの技術者にとって、ＣＤの音を良くしようと努力し続けた25年でもありました。

ＣＤの音の改善は、まず制作の側から始まりました。第3章で詳しく述べますが、ここでごく大雑把にいえば、アナログ的ないい音にいかに近づけるかをテーマに、ミキシングやマスタリングの現場で音づくりを工夫したり、あるいは記録方式やデジタル処理を改善しようという動きでした。その結果今日では、ＣＤからはとてもアナログ的な、自然で耳あたりのいい、聴き疲れしない音が聴けるようになりました。さらにいえば、ＣＤの次世代メディアにあたるＳＡＣＤでは、もっとアナログらしい、ヒューマンで自然で温かな音が聴かれます。

なぜＣＤの音は「硬い」といわれたのか？

一方ＣＤを再生するプレーヤーの側でも、音質改善のためにさまざまな工夫が凝らされました。ＣＤの規格はサンプリング周波数44・1kHz、量子化ビット数16ビット。これにより、記録される音は20Hz〜20kHzと決まったわけですが、実はこれは、ＣＤの開発時期にあたる１９７０年代後半の半導体技術をもとに決められたスペックでした。それ以上のパラメーターを処理できる高性能の半導体を作るのが難しかったのです。また、その当時は20Hz〜20kHzが人間の可聴帯域だといわれていました。従って20kHz以上は超音波となり、聞こえない音だからＣＤに記録する必要はないとされたわけです。

ところがＣＤが登場して何年か経つと、ＣＤの音が硬くてほぐれないのは、ひょっとしてそもそもの規格自体に問題があったのかもしれないと、人々は気づき始めました。すべての音は、元の音の周波数の整数倍の周波数の音を同時に出しています。それを「倍音」といいます。確かに人間の可聴帯域は20kHzかもしれないが、楽器の倍音成分は20kHz以上にも存在し、その倍音成分が再生されるかどうかで、どうやら可聴帯域内の音の聞こえ方まで違ってくるらしいということがわかってきたのでした。

そこでCD制作の現場では、サンプリングレートとビット数を上げて録音、マスタリングし、それをCD規格に収めるようなやり方が普通になってきました。CDプレーヤー側もそれに対応していくようになりました。2倍、4倍、8倍のオーバーサンプリングを行うことで、可聴帯域内での特性を向上させたり、デジタル信号をアナログ信号に変換するD／Aコンバーターのビット数を20ビットや24ビットと上げたりという具合です。発想を転換させて、1ビットのD／Aコンバーターが採用されたものもありました。こうしたCDプレーヤー側の音質改善がはかられたのは80年代後半から90年代にかけて。一般的に、新しいフォーマットが登場して5年くらいすると、そのフォーマットに対する見直しや対策が行われ、フォーマットはより成熟していくものなのです。

ＣＤ時代に入って変わったスピーカーの音作り

ＣＤが登場してからのスピーカーの在り方の変化にも一言触れておくべきでしょう。ＬＰレコードの再生がメインだった時代、スピーカーの高域特性はそれほど重視されていませんでした。それが、20ｋHzまでフラットに再生するＣＤの登場によって、スピーカー側にも20ｋHzまでの高域特性が求められるようになります（次世代フォーマットであるＳＡＣＤやＤＶＤオーディオの再生帯域は１００ｋHzまで伸びていますから、最近のスピーカーはさらに広帯域化しています）。

しかしＣＤ対応を謳ったスピーカーのすべてが、本当の意味で音が良くなったわけではありません。80年代後半に私が感じたのは、当時のスピーカーの多くが、どうも音が硬かったこと。製品に付けられたキャッチコピーにも、「スピード感」「切れ味」「シャープネス」などの言葉が盛んに並んでいて、実際その方向で音作りされていたようです。「アナログ時代の製品といかに違うか」を鮮明に打ち出そうとしたのでしょう。

方向性としては間違っていません。でも、ちょっとやりすぎでした。こうした過剰な行き方には当然揺り戻しが起こるもので、その後、スピーカーの音作りはナチュラルな方向に進み、今日に至っています。結局アナログとかデジタルとかに関係なく、自然な音がやはりいい音なのだと、多くの人が改めて気づいたのではないでしょうか。

デジタルは音が同じという誤解

ＣＤが発売された当時、まことしやかにいわれたものです。「これでオーディオ評論家は失業する」と。どんなジャンルでも同じですが、評論家の使命とは、Ａという製品とＢという製品の違いをユーザーより先に体験して、その違いをユーザーにきちんと報告することです。ところが、ＣＤはデジタルだからどのプレーヤーで再生しても音が同じで、結果的に評論家はいらなくなる、というわけです。

アナログ時代は確かに、どのオーディオ機器もそれぞれ音が個性的でした。そして、価格とパフォーマンスの関係もほぼ比例していて、お金をかければかけるほど音が良くなっていきました。ピンからキリまでありました。

では、デジタルオーディオではどうでしょうか。デジタル信号は単純な「０」と「１」の並びであり、しかもデータを補完訂正できるとすれば、どのプレーヤーで聴いても音が同じなような気は確かにします。しかし、いざCDプレーヤーが登場してみると、実際にはそうではありませんでした。むしろ機器の違いによる音の違いは、アナログ時代より大きくなったような気さえします。

デジタルなのに、なぜ音が違うのか。いろいろな要素が考えられます。デジタルは発展途上の技術だったため、ノウハウがきちんと確立されていなかったこともあるでしょう。CDプレーヤーを開発するにあたって、メーカーごとに目配りの仕方が違っていたことも事実です。しかしもっとも大きな要因は、デジタル機器といえどもそれがモノとして作られている以上、物理的な制約から逃れられない点にありました。

その後次第に明らかになっていくのですが、CDプレーヤーでは実は音を左右する要素が非常に多いのです。ドライブメカ、D／Aコンバーター、電源、アナログ回路、筐《きょう》体《たい》の構造、果ては内部配線材の引き回しに至るまで、何かを変えれば音はシビアに反応します。振動対策も重要で、ドライブはもちろん筐体全体の振動を抑えるだけで、音質は明らかに改善されます。「デジタルだから音は変わらない」というのは、あくまで机上の空論に過ぎなかったということになります。

さまざまなトライアル&エラーを積み重ねて、今日のCDプレーヤーは黎明期より格段に音が良くなっています。これからオーディオに再入門しようとしている人たちにとっても、いい時代になったといえるでしょう。とはいえ個々のCDプレーヤーの音は、依然として大きく違います。これから購入しようとお考えの方は、ぜひとも好みの音質のプレーヤーを見つけてください。試聴の方法については、第4章で述べます。

デジタル時代は音楽の愉しみ方がこんなに広がった

アナログ時代、オーディオは家の中だけで愉しむものでした。1979年に発売されたソニーのウォークマンは音楽を外に持ち出せる点で革命的でしたが、レコードからカセットテープにダビングする必要がありました。アナログオーディオの原則で述べたように、メディア変換をすれば音はかならず劣化します。

それに対して、デジタルオーディオは音楽を聴くTPOの幅を飛躍的に広げたといえます。CDは直径12cmで収録時間は当初、最大74分（現在はさらに伸びています）。LPに比べてメディアは驚くほどコンパクトになりました。だから普段家で聴いているC

DをCDウォークマンで外に持ち出せるし、カーコンポで聴くこともできる。場所を問わず同じメディアで音楽が聴けること、すなわち「コンテンツ・エブリウェア」は、デジタルオーディオの大きな魅力です。

CDはサイズがコンパクトになっただけでなく、さまざまの便利な機能が追加されました。その中で、私がもっとも注目したいのが頭出し機能です。LPで頭出し(といえるかどうかわかりませんが)する場合は、曲間の溝にカートリッジを慎重に下ろさなければなりませんでしたし、カセットテープでは、早送りと巻戻しを繰り返さなければなりませんでした。無録音部分を検知するキュー機能もあるにはありましたが、それほど信頼できる機能ではなかったことを、皆さんも覚えていると思います。

ところがCDでは、たとえば3曲目が聴きたい場合、瞬時に呼び出して聴くことができます。この「欲しい情報を瞬時に取り出せる」機能は実にエポックメーキングなものでした。その後のIT社会の礎を築いたのは、まさにこの頭出しという概念だったといってもいいほどです。たとえば、いま私たちがインターネットの検索エンジンでほしい情報を瞬時に取り出せるのも、実は頭出し機能といってもいいでしょう。ネットで好きな映像をストリーミングしたり、ＨＤＤ《ハードディスクドライブ》レコーダーから見たい番組を瞬に呼び出せるのも、すべて頭出し。そしてこの頭出し機能は、ＣＤが開発し、普及させたのです。

頭出しで思い出しましたが、91〜92年頃、フィリップスのＤＣＣ（デジタルコンパクトカセット）対ソニーのＭＤ（ミニディスク）というポータブルオーディオのフォーマット戦争がありました。フィリップスは伝統を重視する会社ですから、従来のカセットテープと同じ形を踏襲しながら、録音・再生をデジタルで行うことで互換性を確保し、高音質化を目指しました。一方のソニーはまったく新しいメディアを作ろうということで、直径64㎜のデジタルディスクを作った。なぜテープではなくディスク系にしたかといえば、頭出しが容易にできるからです。そして戦争の結果は、ＭＤの圧勝。ユーザーも、ＣＤで一度体験した頭出しという便利さを手放したくなかったのでしょう。

ＦＭ放送は絶好のリスニングソース

こうして、デジタルオーディオでは音楽を聴く利便性が飛躍的に高まったわけですが、もう一言付け加えたいことがあります。それは、音楽用ＣＤ‐Ｒの存在です。デジタル時代の今日、ユーザーはテープではなく、CD-Rに好きな音楽を録音できるようになりました。これは、すごく大きなメリットですね。

実はFM放送は、大人のための絶好のリスニングソースなのです。私もFMが大好きで、毎日のようにエアチェックしています。特にNHK-FMは、CD化されていないクラシックコンサートなどのプログラムが充実していて、しかもエアチェックしやすいように、ナレーションのあと一拍置いて演奏が始まるのがいいですね。

私は毎朝、起きたらまずFMチューナーの電源を入れます。すると「バロックの森」が素敵な17世紀以前の音楽を奏でます。7時のニュースが終わると、「ミュージックプラザ」がさまざまなクラシック音楽を流します。日中はポップスから歌謡曲まで、原稿執筆のBGMに好適です。白眉はやはり夜の7時半から1時間40分にわたる「ベストオブクラシック」。世界の演奏会のライブ収録番組です。ここでしか聴けない最新の名演奏が聴けます。ライブならではの高揚感が聴きものです。日曜午後は2時から4時間の大番組、サンデークラシックワイドがオペラやコンサートのライブを放送しています。

というように毎日毎日、私はFM（正確に言うとNHK-FM）漬けです。いまはもうデジタルメディアの時代であり、アナログのFMなどという前世紀の遺物はいつかは消え去ると、誰もが口をそろえて言います。しかし、私は自分の耳に自信を持って、こう断言します。「FMこそ、これからのメディアだ！」。

80年代までは私はFMエアチェックの虜でした、毎週、FM番組誌の番組表を目を皿のようにして点検し、その週のエアチェックの予定を立てたものです。当時、私のスケジュールは、FM番組表で決まっていましたね。

CDは自分の趣味嗜好の範囲内でしか聴けませんが、放送の場合、個人の趣味に関係なく、いろいろなジャンルの音楽を流してくれる。これがいいのです。それまで食わず嫌いだったジャンルで好みの音楽を発見したり、音楽を聴く幅がすごく広がりました。ですから、オーディオ再入門層の人たちには、ぜひこういってあげたいですね。デジタル時代のいま、学生の頃に親しんだエアチェックをもう一度愉しんでみませんか、と。

私の場合エアチェックした音源は、ヤマハCDR-HD1500というHDD／CDレコーダーに録音し、編集してから音楽用CD-Rに焼いています。その際、トラック・ナンバーだけでなく、インデックス・ナンバーも付けるのが私流です。好きな曲の好きな部分を瞬時に呼び出して聴くことができるからです。こうして、世界に1枚しかない自分のコレクションを増やすのが、いまの私の秘かな愉しみでもあります。

私は大学（津田塾大学）で音楽理論を教えていますが、たとえばソナタ形式の、まずここが呈示部で、次に展開部に行ってという構造が、インデックスを入れて、頭出し再生することで、音でちゃんと確かめられます。そんな活用もエアチェックならではです。

「ステレオ」に抱いた夢や憧れをもう一度

いま、音楽を聴くスタイルはきわめて多様化しています。現代の若者のように、iPodなど携帯用デジタルオーディオプレーヤーを聴くポータブルなスタイルもあれば、大型ディスプレイと組み合わせて映像と音楽を同時に楽しむホームシアターのスタイルもある。後者のスタイルであれば、5・1chという再生環境が必要でしょう。

そんな中で、これからオーディオに再入門しようと考えている人には、まずはオーソドックスな2chオーディオをおすすめしたいと思います。なぜなら、CDは2chで再生するメディアであり、CD再生こそが現代の再生音楽の基本であるからです。

最近では「ステレオ」という言葉もすっかり廃れてしまいました。しかし、かつての「ステレオ」には、〝ステレオ再生された音楽の臨場感を楽しむ環境〟というニュアンスが込められていました。単にオーディオ機器を指す言葉ではなく、再生音楽がモノラルからステレオへ進化した当時の、夢や憧れといったものまで含まれていたんですね。いまこそこの言葉を復活させて、「ステレオ」という言葉の響きに、もう一度思いを馳せてみてもいいのではないでしょうか。

たとえば、ソニーが最近発売した製品に、System501というシステムコンポーネントがあります。大人をターゲットにしたシステムで、これなどはまさに〝ステレオ〟ですね。プリメインアンプ、CDプレーヤー、スピーカーというシンプルな構成で、上質な音楽をじっくり聴かせてくれる。試聴したときは、「ああ、これがステレオなのだ」としみじみ思いました（音質については、第2章で詳しく触れています）。

皆さんが若い頃ステレオで体験した感動を、今度はデジタルオーディオでぜひもう一度体験してほしいと思います。

第2章　ふたたびオーディオに浸りたい

いまのオーディオはこうなっている

かつてオーディオに親しんでいた人が、もう一度趣味のオーディオを再開しようとしたとき、とかく〝浦島太郎現象〟に陥ってしまうものです。かつて信頼していたオーディオブランドがすでになくなっていたり、あるいは昔のブランドの製品でも中身が変わってしまっていたり。こんなはずでは……とビックリする方も多いのではないでしょうか。オーディオ業界の現状を把握するうえで、押さえておきたいのは、この20年の間に二つの大きな動きがあったということです。一つはＡＶ化の流れであり、もう一つが、いわゆる〝オーディオ不況〟といわれる現象です。

まず、ＡＶ化の流れについて。20年ほど前、アンプといえば一般にはプリメインアンプを指しましたが、大画面テレビやDVDレコーダーがヒット商品となっている現在のAVトレンドの中で、いまやアンプといえばAVアンプを指すほどです。AVアンプとは、DVDプレーヤーの音声方式であるドルビーやDTSのデコーダーを内蔵していて、かつマルチチャンネル出力（最低5・1ch）をもつアンプのこと。ホームシアターなどで、音楽だけでなく映像も愉しむことを念頭に作られているアンプです。

AV化の流れを受けてスピーカーも様変わりしました。現在のスピーカーは5・1chに対応したものが主流になっています。これはフロント左右2ch、サラウンド用のリア左右2ch、センター1ch、サブウーファー1本（これを0・1chと数えます）というシステムのこと。

こうした現象は、もう一つの動きである〝オーディオ不況〟とも密接に関わっています。「はじめに」でも述べたように、電機業界ではここ10年ほど、オーディオ不況が続いています。趣味が多様化する中で、従来のピュアオーディオの人気に翳りが見え、かつて「オーディオ御三家」の一角を占めていたサンスイは製品の製造を終了しています。多くのメーカーがピュアオーディオからAVへと主力製品をシフトしました。またオーディオ不況下では、メーカーの商品開発が売れ筋商品へと集中し、各社とも、若者向けの同じようなシスコン、ミニコンがズラリと並ぶ商品構成になっています。

今日に至るまでのステレオの歴史

ここで、わが国におけるこれまでのステレオの歴史を簡単に振り返ってみましょう。

戦後、家庭で音楽を聴くソースとしては、ラジオかレコード（SP〜LP）しかありませんでした。当時、2chステレオはまだ開発されていなかったので、レコードは当然モノラル。オーディオシステムはいつの時代も音楽ソースに対応して作られますから、再生装置もすべてモノラルでした。そもそもオーディオという言葉自体まだあまり一般的ではなく、ハイファイ（Hi-Fi、High Fidelity＝高忠実度再生）という言葉がよく使われていました。

システムの構成要素はいまも昔も変わりません。音楽ソースとなるプレーヤーやチューナーと、ソースから送られた微弱な信号を増幅するアンプと、アンプで増幅された出力信号を音に変換するスピーカーです。それらは単品コンポとしても存在していましたし、それらの要素をシステムとして一体化した電蓄（電気蓄音器）もありました。

１９５８年にステレオＬＰが発売され、61年にＦＭでステレオ放送が始まり、いよいよ２ｃｈの時代に突入します。システムとして最初に登場したのがアンサンブル・ステレオでした。これは電蓄をステレオ化したもので、ＦＭチューナー内蔵のアンプ、レコードプレーヤーを中央に置き、左右にスピーカーを配置した一体型でした。全盛期は64年頃で、家具調の豪華なタイプが多かったように記憶しています。私の家が買った初めてのステレオはこのタイプで、メーカーはビクターでした。62年の話で、私は小学校６年生でした。このステレオが私の音楽好きを育ててくれたと思っています。このアンサンブル・ステレオは、後に68年頃、スピーカーを左右に離して置けるセパレート・ステレオへと発展しました。

70年代中盤から登場したのが、セパレート・ステレオを小型化したモジュラー・ステレオです。それまで、ステレオといえば父親が買ってきて応接間に鎮座させるものでしたが、子どもが高校生くらいになって個室をもつようになると、今度は子ども部屋用にも小型の装置が求められるようになったんですね。当時、学生だった私は、パイオニアの販売員のアルバイトをしていましたが、パイオニアは自社商品を「24時ステレオ」とネーミングしていましたね。一日中音楽に浸れる、という意味だったのでしょう。

その後80年代の半ばまで、単品コンポを自由に組み合わせる形が流行します。アンプはサンスイの777番で、スピーカーはヤマハの1000番で……というスタイルですね。そうやってこだわりをもつことがマニアのたしなみになりましたが、しかし、いざ単品コンポを自分で組み合わせようとすると、これが結構大変です。機器を試聴しに行ったり、カタログを集めて検討したり、それなりに労力がかかります。

マーケティング志向がオーディオ不況をもたらした

そこで、もっと簡単に本格っぽいシステムが組みたいというニーズに応えて登場したのが、システム・コンポーネント、略してシスコンです。これはセット販売を前提にした、雰囲気的に単品コンポーネントを集めたようなデザインの、同一ブランドによるステレオシステム。一時期は一世を風靡しました。このシスコンは80年代後半、小型化してミニコンポになります。音楽ソースがＬＰからＣＤに切り替わったことも、より小型なシステムを求める風潮へと結びついたのでしょう。

ミニコンポの時代になると、ステレオの音はより大衆向けに、より若者向きになっていきます。小さなスピーカーでは豊かな低音は望めないため、イコライザーで低域を強調した〝ドンシャリ〟型の音になっていくんですね。広告に女性アイドルが盛んに起用されたのもこの頃。その反動からか、大人向けのハイコンポというものも一時登場しました。ケンウッドのKシリーズなどですね。しかし残念ながら、ハイコンポは大きな流れを作るまでには至りませんでした。

90年代前半に、俗に〝アイワ現象〟と呼ばれる現象が起こります。きっかけとなったのは、アイワが発売した一連の一体型ミニコンポ。非常に派手派手しい音でしたが、驚くほど安価で販売されたため、実によく売れました。すると、他のメーカーも一斉にそれに追随して、アイワ的なすごく大衆狙いのミニコンポを市場へ次々に投入したのです。その結果、オーディオ市場には粗野な音のミニコンポが溢れることになりました。

ここで問題だったのは、折からのオーディオ不況の中で、業界全体がマーケティング志向に走ってしまったこと。「いま、こういう音が流行っている」というと、多くのメーカーが、それまで培ってきたこだわりの部分を切り捨てて、安易に追随するのです。メーカーは大きくなればなるほど、規模をキープするために、より多くの売上げが必要になりますから、それも無理からぬところではありますが……。結局、オーディオ不況下でも地道にピュアオーディオを守り続けることができたのは、アキュフェーズ、ラックスマン、ティアック（エソテリック）など、マニアに信頼されたブランドをもつ、比較的小さなメーカーだけでした。

ところが、ここ2、3年の間に、また新たな動きが起こってきました。かつてのハイコンポよりさらに質の高い、本物志向の大人のミニコンポを、各メーカーが発売し始めたのです。いくつか試聴しましたが、どれも音は相当に良いですね。これからオーディオに再入門しようと思っている熟年世代の人たちにも十分、満足のいくものになるでしょう。私が今回、本書を書こうと思ったきっかけも、実はメーカー側の、こうしたピュアオーディオ回帰の動きがあったからでした。

いまどきのミニコンポ事情

先ほども述べたように、ミニコンポは基本的に若者向けのシステムです。ここ数年の傾向としては、ハードディスク内蔵のモデルが増えたこと。いまやオーディオの主軸はiPodなどメモリー系デジタルオーディオになりつつありますから、音楽をデータとして貯め込むため、ハードディスクが必要になってきたのですね。そういう意味では、ミニコンポは、いつの時代でもトレンドにすり寄っていくものなのかもしれません。それらの多くは高域、低域が強調される人工的なドンシャリ音です。

そんな中での注目は、大人をターゲットとした本物志向のシステムが登場してきたことです。たとえば、オンキヨーのINTEC275シリーズ。CDプレーヤー、2chアンプ、スピーカーの三点セットで実売25万円ほどします。単体コンポーネントを設計するのと同様な技術と音づくりのノウハウを投入したために、こんな値段になったといいます。このシステムの核になっているのは、単品コンポとしても通用するD-302Eという16cm2ウェイスピーカーです。

ステレオセットの音の良し悪しを見分ける時は、「音の芯」がちゃんとあるかどうかを判断するのが、一番わかりやすいですね。いくら低音がドンドン出て高音がシャリシャリと派手に鳴っても、音の芯がすかすかで貧弱だったら、それは聴くに耐えません。その点、このステレオセットはとてもしっかりとした音を発し、安物のミニコンとは一線も二線も画します。特に音の情報量の多さ、解像度の高さは、単品コンポの世界にかなり接近したと思いました。鳴っている音の数が多く、音が空間に消えゆく際の微小な信号が、丁寧に描写されています。

ソニーはSystem501という大人向けのシステムをつくりました。ソニー独自の「S-MASTER PRO」というデジタルアンプの新技術を使った、プリメインアンプTA-F501を中核に据えたシステム。オンキヨーのINTEC275が、情報量の多い精細な音であるのに比べて、ソニーのシステムはウェルバランスな優しい表情を聴かせてくれます。

音の特徴は、音の輪郭の角が少し丸いことです。つまりしゃっきり、くっきりの鋭角的なサウンドではなく、よく馴染み、すうっと音が耳に入ってくる感じです。温かさがあり、自然で、気持ちの良い音です。といっても、甘ったるいものではなく、ちゃんと音楽の芯は確実に存在し、それを土台にして、まろやかで滑らかな音楽が奏でられるというものです。ヴォーカルのニュアンス感も再現されています。このあたりが「大人の音」とアピールする所以なのでしょう。ソニーがこれまで培ってきた技術を惜しみなく投入し、試聴を繰り返し、チューニングしたことが、良い結果を出したのでしょう。

アナログ的な魅力に溢れたオーディオたち

ここでどうしても触れておきたいのがオーラデザインのｎｏｔｅという製品です。アンプとＣＤプレーヤー、それにＦＭ／ＡＭチューナーを合体させた、幅27・５㎝、高さ８・５㎝の小さな筐体の、かつてのレシーバー的なユニットです。スピーカーは好みのものを接続して聴いてください、というスタイルです。

この製品は音質が素晴らしい。ナチュラルな質感が好ましく、音楽的な音を奏でます。特に相性がいいのはＫＥＦ、スペンドール、エラックといったヨーロッパ系のコンパクトスピーカーです。私が自宅で愛聴している英国・ロジャースのクラシックなモニタースピーカー、ＬＳ３／５で試聴しましたが、実に落ち着いた音調で、周波数的なレンジが広く、引き締まった低域、艶っぽい中域、クリアに伸びる高域が特徴と聴きました。

特に低音の質感の良さが印象的でした。

デザインも素敵です。ネオクラシックというか、デジャブ的な昔懐かしい、落ち着いたたたずまい。質感的にはメタリックなコスメですが、それが決して冷たい感じにはならずに、不思議に温かな感覚を醸し出しているのは、清潔なアルミパネル、直観的に操作できる丸い大きな操作ボタン、視認性の良い赤のLED（発光ダイオード）の丸い数字などのトータルな演出でしょう。もうひとつ、ヒューマンな味わいを思うのは、上部の可動式のガラス板の存在です。このガラスは、簡単に取り外すことができ、機能としては埃よけだけですが、デザイン的には金属的な塊と透明で分厚いガラスとの視覚的なミクスチャーが、クラシカルな雰囲気を表現しているのですね。

プレーヤーのガラスの扉を開けて、ディスクを置き、スタビライザーを被せるという行為は、どこか、アナログレコードをターンテーブルに載せ、トーンアームの針を降ろすことを彷彿とさせますね。とてもアナログ的な魅力に溢れたオーディオです。

スコットランドのＬＩＮＮも同じスタイルのＣＬＡＳＳＩＫ　ＭＵＳＩＣという製品を発売していて、こちらも大人向けの高品位な音作りが特徴です。

いまどきの単品コンポーネント事情

オーディオのさまざまな愉しみ方の中で、「単品コンポを組み合わせる愉しみ」はまた格別です。たとえばA社のBというアンプで、C社のDというスピーカーを鳴らしてみる。そのあたりは相性の妙というか、実際に鳴らすまで、どんな音が出てくるかわかりません。もしかすると、とんでもなくひどい音で鳴る心配もあります。しかしまた、とんでもなく素晴らしい音で鳴る可能性だって大きいのです。そして予想以上にいい音で鳴ってくれたとき、リスナーはこのうえない喜びに包まれます。

オーディオには、前述のミニコンポに代表されるように、一つのブランド、一つのテクノロジーで統一された音を出すシステム化も確かにあります。ハードの使い方としてはとてもわかりやすい展開だし、手軽にいい音がほしい場合、最適なアプローチでしょう。ところが、あるシステムを聴いてみて、「この音は自分にはちょっとやわらかすぎる。もっとシャキッとした音で聴きたい」と思っても、発展性はまず望めません。

なぜならシステムオーディオは、たとえばCDプレーヤーの刺激的な音を温かな音のスピーカーで相殺するなど、トータルで補完的な音作りがされているからです。システムとして完結しているため、発展性は初めからほとんど考慮されていないのです。

その点、単体コンポには大いに発展性があります。自分で組み上げたシステムで音楽を聴いていて、何年かして「もっと違う音で聴きたい」と思った場合、使っている機器のどれかを別の機器と差し替えれば、自分の好みの音の方向にもっていくことが可能なのです。また、耳がだんだん肥えてきて「もっといい音で聴きたい」という欲求が出てきたときには、システムを少しずつグレードアップさせることもできます。こうした単品コンポの使いこなしこそが、オーディオのひとつの醍醐味といってもいいでしょう。

海外製スピーカーという選択肢もある

このように、まさに趣味のオーディオにふさわしい単品コンポですが、現在、日本のメーカーに限っていえば、品ぞろえはかならずしも充実しているとはいえません。何度も書きますが、やはりオーディオ不況の影響が大きかったのですね。最近ようやくピュアオーディオ復活の兆しが見えてきているものの、一時はアンプといえばデノンとマランツ、スピーカーといえばヤマハ、ビクター、オンキヨーの製品くらいしか、みるべきものがありませんでしたから。あの一世を風靡したダイヤトーンも、ついにオーディオから撤退してしまいました（最近、一部復活しています）。いま思えば、ほとんどの家電メーカーが単品でフルラインナップをそろえていた70年代から80年代が懐かしいですね。アンプの〝798戦争〟、スピーカーの〝598戦争〟など、本当に夢のようです。

とはいえ、実際には、それほど悲観すべき状況でもなさそうです。なぜなら、ここ10年ほどの間に、海外のオーディオ製品が日本市場にも数多く出回るようになりましたから。アンプにしろ、CDプレーヤーにしろ、スピーカーにしろ、海外製品のラインナップはとても充実しています。

特に私が注目しているのは海外製スピーカーで、1本2万円程度（このクラスでも十分使えるものがあります）から300万円（！）くらいまで実に多くの選択肢を提供しています。音の傾向でいえば、アメリカ系、イギリス系、北欧系、フランス系、イタリア系に分けられますが、どれもそれぞれ個性的です。こうなってくると、単に単品コンポを組み合わせるというより、音の文化を組み合わせる国際的な愉しみにまで発展しそうですね。数少ない日本メーカーの製品と、豊饒な海外メーカーの製品群がある。世界的規模で見れば、単品コンポを組み合わせる愉しみは、以前にも増して広がったといえるのではないでしょうか。

いつかはハイエンドコンポーネント

これまで述べた単品コンポの価格帯は20～100万円程度。その上のクラスの単品で100万円以上するものが、いわゆるハイエンドコンポーネントになります。これらを組み合わせれば、音楽再生機としては最高峰のシステム。実際聴いてみると「ここまでの音が出るのか！」という衝撃的な体験をされると思います。音の違いを言葉で説明するのはむずかしいのですが、40万円程度の中級クラスとハイエンドとを聴き比べてみると、音は明らかに違いますね。音の粒子がすごく細かくて、しかもそれらの粒子が有機的にからみあって、実に高密度で安定した音がします。40万円クラスでも十分にクオリティーの高い音です。しかし、聴き比べれば違いが絶対にわかるはずです。ハイエンドコンポは、ソースの音楽性をより緻密にリアルに再現してくれますから。

ただし、ハイエンドクラスについて一言断っておくとすれば、コストとパフォーマンスの関係がかならずしも比例しないということ。オーディオ機器、特に2ch単品コンポの場合、価格10万円から数十万円までは、コストと音の関係がほぼ比例しています。たとえば20万円クラス、40万円クラス、80万円クラスを聴き比べた場合、価格が2倍になった分に応じて音も良くなっていきます。学生時代に数学で習った一次関数のグラフのように、一定の角度の右肩上がりの直線になるイメージですね。ところが単品で100万円を超えるあたりから、右肩上がりの角度は急激に鈍くなっていきます。つまり、いくらお金をかけたからといって、その分だけ音が良くなるとは限らない。もしかすると、さらに100万円かけても、音の良くなる度合いは微々たるものかもしれない。しかし逆にいえば、それがオーディオマニア道なんですね。つまり、ほんの少しの違いにこだわって投資するのが、マニアのマニアたるゆえんですから。

これからオーディオに再入門しようという皆さんには、あまりピンとこない話かもしれません。しかし、オーディオに夢をもっていただくために、あえてハイエンドコンポの話題にもふれてみました。オーディオにはそういう世界もあるんだと、心の片隅にでも留めておいてください。詳しくは第6章で述べましょう。

第3章　CDにもう一度聴き惚れる

CDこそデジタルオーディオの原点

音楽メディアのライフサイクルでよくいわれるのが〝25年周期説〟。ステレオレコードの登場が1958年、CDの登場が82年。24年目です。その5年後の87年には、生産枚数でCDがアナログレコードを逆転しています。この25年周期説にしたがえば、今年2007年には何か新しいメディアが登場するはずだし、2012年にはその新しいメディアがCDを逆転するはず。ところがいまのところ、そんな気配はまったくありません。むしろ25年経っても、CDは隆盛につぐ隆盛で、主要メディアとしての地位は不動のように見えます。

CDはなぜこんなに強いのでしょうか。それはCDというメディアが成熟していく過程で、「コピーできる」という新たな展開を獲得したからだと思います。

iPodが登場した2001年以降、パソコンに取り込んだ音楽を携帯端末に移し替えて聴くという、音楽を聴く新しい〝作法〟が生まれました。この作法は、若い世代を中心にすっかり定着していますが、見方を変えれば、パソコンに取り込めるということが、いまや音楽メディアの非常に重要な条件になっているわけです。

一方、次世代CDといわれるSACDや、新たなデジタル音楽メディアとして期待されているDVDオーディオは、コピーが不可能です。パソコンに取り込めない以上、そこから先の展開はあり得ません。SACDもDVDオーディオも、きわめて優れた音質をもちながら聴かれる機会が少なく、メディアとしてあまり普及していない理由が、パソコンに取り込めないというその一点にあるとしたら、とても残念ですね。

改めて考えてみると、CDというメディアは非常に使い勝手がいい。しかもここ数年、音質も向上してきています。だからこそ誕生して25年経っても、CDはいまだにパッケージメディアの主役であり続けているんですね。そういう意味で、CDはデジタルオーディオの原点であり、デジタルオーディオの〝いま〟でもあります。オーディオ再入門という観点でいえば、このCDをきちんと聴けるシステムこそが、すべての出発点になるといえるでしょう。

CDの高音質化を目指して

第1章でも書きましたが、CD時代になって、アナログ時代に感じられた音の躍動感や深み、芯の強さなどが失われたともいわれます。しかし、そういったCDの音に対するマイナス要素は、この25年の間にずいぶん払拭されてきているのです。そこでここでは、今日に至るまでのCD高音質化の歴史をおさらいしておきます。

CDが登場した当初、アナログに比べて音が冷たい、薄い、硬い……など、多くの不満が寄せられました。そういったCDのデメリットにはさまざまな原因が考えられますが、一つには、CDを制作する過程に問題があったのではないかと思います。

CD登場以前の録音現場では、一部PCMレコーダーが使われていたものの、その工程のほとんどが当然アナログでした。それがCDの登場でさまざまなデジタル機材が持ち込まれるようになって、制作現場はかなり混乱したようです。機材への習熟度不足、エンジニアの経験不足……などの混乱期はCD登場から5年ほど続き、その間に作られたマスターテープ（あるいはマスターディスク）は、それ以後のものに比べ、クオリティー的にさまざまな点で問題がありました。

制作現場の混乱が収まった後、CDの高音質化に向けてまず取り組まれたのは、PCMレコーダーにおける録音特性の向上でした。PCM（Pulse Code Modulation＝パルス符号変調）レコーダーは、アナログ時代から録音現場で使われている録音機で、音声などのアナログ信号をデジタルデータに変換して記録します。その際のクオリティーを決定するのは、サンプリング周波数（1秒間に何回数値化するか）と量子化ビット数（何桁のビットで表現するか）です。サンプリング周波数はデジタル化できる音域の広さに影響を持ち、サンプリング周波数が高いほど高域まで記録できることになります。量子化ビット数は、小さい音から大きい音までのダイナミックレンジを表します。

CDの規格は44・1kHz／16ビットですから、あるひとつの音を1秒間に4万4100回区切って、6万5536段階（2の16乗）のレベルに分けて記録していることになります。つまり、切れ目なく連続している音を、極度の微小レベルに細切れにして記録しているわけですね。

このスペックはある意味、CDが開発された当時における、半導体技術の限界でした。しかしその後の技術の進歩によって、さらに高次のパラメーターを設定することが可能になりました（リニアPCMでは192kHz／24ビットまで可能）。だとすれば……と録音エンジニアたちは考えました。最終的にCDの規格に落とし込むにしても、録音の時点でより多くの情報を記録しておいた方がいいのではないか、と。これ以降、サンプリング周波数を88・2kHzと2倍にしたり、量子化ビット数を16ビットから24ビットに増やすなど、さまざまな試みが行われました。その代表であるソニーのスーパー・ビット・マッピング（SBM）技術が開発されたのは90年頃だったと思います。

アナログのなめらかさを出すマスタリング手法

それに付随していえば、「DAD」の手法が使われたこともあります。「DAD」とは、「デジタルレコーディング・アナログミックスダウン・デジタルマスタリング」の略。CDケースの裏側に「DDD」「ADD」などと表記されているのは、すべてCDの制作工程を表しています。82年以降のCDはたいてい「DDD」で、古い音源をリマスタリングしたものは「ADD」。

では、この「DAD」はどんな手法かというと、デジタルで録音した音を、STUDER2トラ38などのアナログテープレコーダーに一度通してから、再度デジタル録音するというもの。テープレコーダーの録音ヘッドで記録し、その直後に再生ヘッドで再生した音を信号として取り出していました。特にアコースティック系の音楽の制作に用いられた方法で、一度アナログの要素を取り込むことで、楽器の質感や空間感を引き出す効果があったといいます。

こうした取り組みは確かに効果がありました。CDの音がそれなりに温かく、なめらかに感じられるようになったのです。今日ではその考え方をさらに発展させて、まずワンビット方式でデジタル信号に変え、さらにPCMに変換するやり方が主流になってきました。それをPCMに変換しないのがDSD（Direct Streame Digital）方式で、SACDという、CDよりさらに高音質のディスクメディアもたくさん発売されています。

DSDはサンプリング周波数はCDの64倍の2822・4kHz、量子化ビット数は1ビットです。アナログに近い波形で記録するので、デジタルでありながら、アナログのようなきめ細かな音に近づけることが可能になります。

長足の進歩を遂げたマスタリング

マスターテープを作るうえで、忘れてはならない重要な作業がマスタリングです。トラックごとに録音された音量のレベルを調整し、ノイズや歪みのチェックと除去を行い、イコライザーでリスナーの聴きやすい音質に整え、プレス工場に出荷するためのマスターテープ（ディスクやデータの場合もある）を作るプロセスです。CDに記録される音は、最終的にはこの工程で決まります。

実はCDにおけるマスタリングも、この25年の間に長足の進歩を遂げています。私が注目しているのが、日本ビクターの「XRCDマスタリング」。これは、98年からスタートした高音質マスタリングの手法で、その全工程にわたって音質を徹底的に管理します。実際にマスタリングスタジオを訪れて驚きました。コンソール卓はマスタリングエンジニアの手作り。長年の経験を経て、マスタリングの酸いも甘いも嚙み分けた技術者が、ボリュームからCR類（コンデンサーや抵抗）に至るまで一品一品吟味して、組んでいるではありませんか。

D／Aコンバーターや A／Dコンバーターに接続するケーブルも厳正な試聴の後に選ばれていて、しかもクラシック、ジャズなどの音源ごとに最適のケーブルを使うというこだわりぶり。また、スタジオは工場と隣接しているのですが、電源から工場のノイズが混入することを避けるため、マスタリング作業は工場の稼働していない深夜と土日にしか行いません。これまでの、いかに合理的に、コストを安くするかという姿勢を根本的に改めて、CD制作過程にて音質を徹底的に追求し、音を良くするため、可能なことははすべてやろうというのがXRCDの基本の思想なのです

こうした徹底したこだわりの成果は、XRCDシリーズで発売されているCDを聴けば音で実感できるでしょう。たとえば、XRCDのクラシックの復刻盤。使用されているマスターは、1950～60年代にアメリカRCAが3chで録ったアナログテープで、当初モノラルLPとして発売されたものですが、それをXRCDマスタリングで見事に高音質CDに甦らせています。

その中で、私が日頃から試聴用のリファレンスに使っているのが、57年にシュルル・ミュンシュがボストン交響楽団を指揮したベートーヴェン交響曲第3番「英雄」。この曲の数ある名演の中でも、演奏の雄大さ、スピード感、生命感は本当に素晴らしいのですが、何より感動したのは、XRCDマスタリングによる音の良さです。半世紀も前の演奏なのに、まるで昨日録音されたのかと思うほど生々しく、鮮度の高い音が聴けるのです。当時のアメリカRCAの黄金の録音力が最高に発揮された、力強く、剛毅で、気高く、深い音です。周波数特性は現代のデジタル録音のようにワイドではないですが、中域の充実度で音楽の密度感を聴かせます。なにより、この指揮者ならではの熱き情熱が魅力です。XRCDのマスタリング技術者の情熱までも含有している、熱きサウンドです。CDというフォーマット自体は変わっていなくても、細部にとことんこだわって制作すれば、それが成果としてきちんと現れるんですね。筆者がかつて、担当のマスタリングエンジニアにインタビューした時、彼はこう言っていました。

「われわれのサウンドポリシーは、単純にオリジナルのテープの音をそのまま、ディスクにすることではありません。そこに、その時代の音の雰囲気と会場の臨場感、楽器の鳴りの特徴を加え、しかも、それがCDになった時の状態を考慮して、マスタリングするのです」

ディスク基材を変えただけで音質は劇的に向上する

このように、CDに記録される信号レベルでの音質改善が進む中で、CDのディスクそのものに対する、音を良くするためのアプローチも始まっています。

CDの基材に使われているのは、ポリカーボネートと呼ばれるプラスチックですが、昨年の10月、エヌ・アンド・エフというクラシック系の音楽レーベルが初めて「ガラスCD」を発売しました。基材はカメラや望遠鏡などに使われる超精密光学強化ガラス。製造工程は、スタンパーまでは通常のCDとまったく同じで、最後にスタンプする基材に硬化剤を張ったガラスが使われています。実際に聴いてみると、通常のCDとはまったく次元の異なる音がしますね。音が鮮烈で解像度が高く、演奏会場に漂う空気の粒子まで見えるかのよう。

どうしてこれほど音が違うのか、考えてみました。CDをCDプレーヤーで再生する場合、プレーヤーのピックアップからCDのピット（情報孔）にレーザー光を当てて情報を読み取ります。より正確にいえば、レーザー・ダイオードの照射する光をピットに当て、跳ね返ってきた光をディテクターという素子で読み取っているわけです。そのとき、基材がポリカーボネートの場合は光が乱反射し、それが迷光となって読み取りエラーやノイズにつながる。ところがガラスの場合、照射した光は屈折率の関係でディテクターに真っ直ぐ返ってくるので、情報の読み取り精度が格段に上がるんですね。

また、ガラス素材は温度・湿度の影響を受けにくく、偏芯のおそれがないことも音質に有利に働いているのでしょう。エヌ・アンド・エフの有名なトーンマイスター・福井末憲さんに話をうかがったところ、開発した理由は音質が良いということだけではなく、ガラスという素材でCDの経年変化を防ぐ意味もあったということです。音楽メディアとして、長期保存という観点は確かに必要ですね。ちなみに、ガラスCD1枚の価格は9万8700円です。

このガラスCDの登場は、多くの示唆を含んでいます。CDは基材を変えただけで音質が劇的に向上する。しかも、基材に対するアプローチはつい最近始まったばかり。これらを考え合わせれば、きっと次のようにいえるでしょう。ＣＤの音には、まだまだ改善される余地がたくさんある。そして私たちは、ようやくそれに気づき始めたばかりなのだ、と。

ノイズを除去するオーバーサンプリング

次に、ＣＤプレーヤーの側から行われた、ＣＤの音質改善に対するアプローチもみていきましょう。まずＣＤプレーヤー側が取り入れたのは、オーバーサンプリングという技術でした。この技術を説明するため、以下、少々むずかしい話をします。

何度も書きますが、ＣＤに記録されるデジタル信号は44・１kHz／16ビット。つまり、理論上は44・１kHzの周波数（超高域）まで再生できますが、実際には、波形を損なわずにサンプリングできるのは半分の22・０５kHzまで（標本化定理による）。それより上の周波数帯はノイズだらけの有害成分（折り返しノイズ）になるため、何らかのフィルターで除去する必要があります。その際に用いられるのが、低域のみを通過させるローパスフィルターです。これは、人間の可聴帯域である20kHzまでの帯域を確実に通過させ、かつそれ以上の帯域をカットするフィルターです。

ここで問題になるのは、フィルターを急峻に、急激にかけると音の劣化を招くこと。フィルターといっても、実際には一種の電気回路ですから、それが可聴帯域の音楽信号を増幅するためのアナログ回路に悪影響を与えるんですね。ですから、切り落とし特性のできるだけ緩やかなフィルターをかけた方が、音は良くなるのです。

ここでデジタル処理の原則を再確認しましょう。シャノンの定理によると、サンプリング周波数の半分が、アナログの最高周波数です、逆にいうと、アナログ信号の周波数帯域の2倍以上にサンプリング周波数を設定しないと、折り返しノイズの影響を受けてしまいます。そこでアナログ変換時には、折り返しノイズをアナログのローパスフィルターでカットし、周波数帯域に影響を及ぼさないようにする。この遮断特性こそ、クオリティーの源なのです。ここで大切なのは、まずいかに高域ノイズをカットするか――です。残滓が残ると、アナログ信号を汚します。また遮断特性があまりに激しいと、前述のように今度は可聴帯域に悪影響を及ぼします。だから、そんな悪影響をいかに排除するかが、きわめて重要なのです。

そこで考え出されたのがオーバーサンプリングという手法です。サンプリング周波数を、規格で定められた値の整数倍に上げるのです。もともと設定されたサンプリング周波数でローパスフィルターをかけても、ものすごい、断崖絶壁的な特性のフィルターでない限り、どうしてもノイズは取りきれない。そこで、サンプリング周波数自体を高域に移動する。すると、音質に悪影響のない緩やかな遮断特性をもつフィルターを使っても、十分、ノイズをカットすることができるんですね。折り返しノイズの分布を広く、薄くして、カットしやすいようにするのが、オーバーサンプリングの目的なのです。

たとえば、元のCDの2倍の88・2kHzでサンプリングすれば、高域の有害成分は44・1kHz以上の周波数帯にズレることになります。すると、ノイズの分布もなだらかに、そのレベルも弱くなります。したがって、それほどキツいフィルターをかけなくてもよいことになり、結果的に音質が向上します。オーバーサンプリングは倍数を大きくすればするほど効果も大きくなるため、その後のCDプレーヤーは2倍、4倍、8倍とその倍数を競い合うことになりました。

このオーバーサンプリングは、初期のCDプレーヤーには特に効きましたね。CDの登場とともに、82〜83年には各メーカーが一斉にCDプレーヤーを発売しましたが、その中で一機種だけ、ものすごく音の良かったモデルがありました。それが、いまではオーディオから撤退してしまったNECのCD803というプレーヤーでした。CDを正面向きに縦にセットしなければならず、音出しまで1分以上かかるという操作性の悪いモデルでしたが、非常になめらかで温かい音がしました。他社のCDプレーヤーは硬く、粗くという音がほとんどでした。タネを明かせば、実はこのモデルだけデジタルフィルターで2倍のオーバーサンプリングを行っていたんです。当時、その効果のほどはきちんと解明されていませんでしたが、後から考えると、オーバーサンプリングで可聴帯域の暴れを少なくした結果が、いい音に結びついていたのですね。

振動対策をしっかりすれば、音は確実に良くなる

CDプレーヤー側からのアプローチで、もうひとつ触れておきたいのは振動対策です。アナログ時代、振動はオーディオの大敵でした。わずか数グラムの針圧でLPを鳴らしていましたから、ちょっと振動を加えれば針飛びするし、スピーカーの低音（低域振

動）を拾ってハウリングを起こしたりする。そのため、アナログプレーヤーには防震のためのインシュレーターが必需品で、造りのヤワな部屋では室内を移動するのにも気を遣うほど、みんな振動には敏感になっていました。

それがCD時代になって、やっと振動の影響から逃れられると誰もが思いました。信号をデジタルでやりとりするCDプレーヤーなら、多少の振動なんか関係ないだろう、と。ところが、現実にはそうではありませんでした。CDプレーヤーでも振動にシビアに反応してしまい、それが実際の音質劣化となって現れます。

よくよく考えてみれば、それも当然でしょう。CDプレーヤーのピックアップは、CDに刻まれた深さ0・1ミクロン（1万分の1㎜）のピットを読み取っていますが、どんなCDでも多少の反りがあるため（±0・5㎜）、再生中のピックアップは上下方向にめまぐるしくフォーカスを動かしていることになります。そこへ、外部から振動が加わったら……。もう、おわかりでしょう。それがどんなに微小な振動であっても、ピックアップは、その影響から逃れることはできません。CDドライブ自体も高速回転しているわけですから、その振動がアナログ回路に伝わって悪さをすることも考えられます。

実際に振動で音が直接濁るわけではなく、サーボメカニズムが働き、誤差をキャンセルするのですが、その時、大きな電流が流れてしまうのです。本来は音の回路を潤すはずのものなのですから、音の栄養分が不足してしまうのですね。

今日、音がいいといわれるCDプレーヤーは、さまざまな形で振動対策を施しています。たとえば、私が愛用しているLINNのCD12というモデル。各パーツが鋳造製のきわめて重いシャーシに固定されていて、トレイも一種のエアータイト構造。外部振動も内部振動もキャンセルできる造りになっています。またティアック（エソテリック）では、VRDSというターンテーブル方式が有名ですね。こうした振動対策を施したプレーヤーに共通していえるのは、解像度が非常に高く、かつアナログ的な音の微粒子感があること。振動対策をすれば、音は確実に良くなります。

以上みてきたように、レコード会社とオーディオメーカーの25年にわたる不断の努力によって、CD再生の音は年々良くなってきています。

以前と違って、市場に出回っているCDプレーヤーは数が少なくなってしまいましたが、それでも、マランツ、デノン、ソニーの10万円クラス以上のものなら間違いないでしょう。エソテリックやアキュフェーズならもちろん良いです。

CDが出始めの頃、「この音はちょっと……」と思った人も、最近マスタリングされたCDを、最新の音のいいCDプレーヤーで一度聴いてみてください。CDでここまでの音が出るのか！と、きっと驚かれると思います。

CDの音を良くするアイディア

最後に、CDを聴く側の取り組み（？）として、音を良くするちょっとしたアイディアをご紹介したいと思います。

①CDは洗ってから聴け

CDの信号面を水でていねいに洗って、乾かしてから聴けば、音は明らかに良くなります。特に買ってきたばかりの新品のCDで、これはすごく効果的です。CDの表面には指紋や目に見えないホコリが付いているし、たとえ新品でも、プレス工場の射出成型機の削りカスや油脂など、さまざまな不純物が付着しています。それをきれいに取り除いてやれば、音はクリアになりますね。音の傾向としては、トゲトゲしさなどの刺激的なところがなくなり、音がやわらかく、ふくよかになります。このノウハウに関して、実はおもしろい話があります。

ＮＨＫ－ＦＭの番組「ラジオ深夜便」でクラシックを担当している、中野雄さんという音楽プロデューサーがいます。実はこの世界における私の師匠でもあるのですが、中野先生があるＣＤの新譜をかけたとき、リスナーから問い合わせが来ました。「私も同じタイトルのＣＤを買いましたが、ラジオで聴いた音の方がはるかに良かった。本当に同じＣＤなのでしょうか」と。

実は中野先生は、放送局に持っていくＣＤをすべて事前に洗っていたんですね。それだけのことなのに、ＦＭ放送を通して聴いてもわかるほど音が違う。お金はまったくからないので、皆さんもぜひやってみてください。

②トレイを一度開閉してから聴け

ＣＤをトレイに載せ、ＯＰＥＮ／ＣＬＯＳＥボタンを押せばトレイは本体内に格納されます。すると、その時点でＣＤのトラック・ナンバーが読み込まれます。普通はその後ＰＬＡＹボタンを押しますが、その前に一度だけ、ＥＪＥＣＴボタンでトレイを出し入れしてみてください。これだけでCDの音がまろやかになり、ソノリティといって、楽器の艶や音場感が増します。では、もう一度出し入れするともっと良くなるかというと、それはNGですね。二回出し入れした音は何だかギスギスしていて、何もしないときより悪くなります。だから、トレイを出し入れするのは一回だけ。

このノウハウは、実は85～86年頃から、オーディオ業界内でわりと知られていた話なのです。一般の人にはあまり知られていないようですが。いくつかの、音が良くなる理由が考えられます。まず、一度CDのトラックナンバーを読み込んでおいた方が、メモリー効果で、再生時にサーボ系にかかる負担が少なくなること。また、ディスク製造メーカーの技術者に聞いた話ですが、CDはトラックナンバーを読み込むためのレーザーが当たると、その部分だけ温度が上がって微妙に熱変形するので、その変形具合が、音質に良い影響を与えるのではないかといっていました。逆に何度もレーザーを当てると、変形しすぎてかえって音が悪くなるとか。

何だか都市伝説みたいな話ですが、効果は確かにあるし、手間もお金もかかりません。やってみて、損のないノウハウです。

第4章　さあコンポを新調しよう

情報をどうやって集めるか

前章まで述べてきたように、いまこそオーディオに再入門するには絶好の時期。皆さんには、デジタルオーディオのいい音をぜひ体験してほしいと思います。そのために必要になるのが、新しいコンポ。そこで本章では、コンポの買い方について解説しましょう。ちなみに本書ではCDプレーヤー、プリメインアンプ、スピーカーの三点セットを、一つのオーディオシステムとして考えています。

コンポを新調する場合、いまどんな製品が市場に出回っているのか、まず情報を集めなければなりません。20年くらい前までなら、入門者向けのオーディオ誌が各出版社からいろいろと出ていました。しかし残念ながら、最近ではすっかり少なくなってしまいましたね。初心者でも比較的読みやすいのは、共同通信社の『ＡＵＤＩＯ ＢＡＳＩＣ』あたりでしょうか。また音楽出版社の『ＣＤジャーナル』も、入門者向けオーディオの記事に毎号５、６ページ割いているので、参考になるはずです。

その他の専門誌は、実はあまり初心者向きではありません。『ステレオサウンド』は上級者向きで読みこなすのがむずかしいし、音楽之友社の『ｓｔｅｒｅｏ』はかなりディープでマニアック。ただし、専門誌が年に一度特集する「ベスト・バイ」の企画には、目を通しておいた方がいいでしょう。アンプやスピーカーなどカテゴリー別に優秀機を選出する企画で、何が優秀機、最優秀機になるかは、オーディオ評論家たちの投票で決まります。人それぞれ好みが違うので、高得点のものが絶対にいいとは限りませんが、現在の市場の動きや音質傾向をみるうえでは、大いに目安になると思います。

専門誌の読み方、カタログの読み方

現在のわが国のオーディオ評論は、印象評論がメインです。つまり各評論家が、音を聴いて感じたことを、自分なりのレトリックで書いています。もちろん、ＳＮ比や出力などの数値を記述することもありますが、むしろ自分のインプレッションをいかに個性的なボキャブラリーで書くかという、表現力の競争のようなところがあります。

欧米のオーディオ評論は、日本とはまったく違いますね。完全に数値志向で、独立したオーディオ評論家という存在はほとんどなく、オーディオ誌の編集者が機器ごとの数値を淡々と測って掲載しています。そしてその数値で、オーディオ機器にランキングをつけるんですね。実はわが国でも、20年ほど前には熾烈なスペック競争が展開されていました。スピーカーなら、低域が○○Hz、高域が□□kHzまで伸びているとか、許容入力が××Wだとか、能率が△△dBだとか。アンプなら、◎◎W＋◎◎Wの大出力とか……。しかし、いくら数値が良くても、音が良いとは限りません。むしろ、無理矢理に数値を追求するあまり、音のバランスを崩してしまうことが往々にしてありました。そこで、数値重視の方向が見直されるようになったのです。

そもそも音楽の原点に立ち帰って考えてみると、私たちは音の数値を聴いているわけではありませんね。音楽に込められた作曲家や演奏家の思いを、フィーリングとして感じ取っているわけです。だとすればオーディオ評論も、自分の感じた音の特徴を、自分の言葉で、読者にわかりやすく伝える方が、よほど真実を衝いていますし、読者の参考になるはず。「客観」で語れるのはごく一部の事象だけで、実際に聴いた印象は、「主観」でない限り語れない——のです。そういった紆余曲折を経て、オーディオ評論は今日のスタイルに行き着きました。

ですから、皆さんがオーディオ評論を読む場合には、数値にとらわれるのではなく、文章から伝わってくるフィーリングを、読解力をもって読み取ってほしいと思います。専門用語が並んでいるオーディオ誌は最初取っつきにくいでしょうし、読者・評論家・出版社でクローズドな社会をつくっているところもありますが、一度その中に入ってみると、実はとても魅力的でおもしろい世界です。

次に、メーカーのカタログの読み方ですが、どうしても外せない基本的なスペックというのは確かにあります。オーディオ機器を自宅に設置するうえで、サイズや重さを知ることは必須でしょう。しかし、新開発の○○○技術とか、独創的な×××方式とか、新技術に関する謳い文句はあまり当てにしない方がいいですね。新技術といい音はイコールではないし、そもそもメーカーは都合のいいことしか書かないもの。カタログはあくまで宣伝資料に過ぎません。たとえ心惹かれる内容が素晴らしい文章で書かれていたとしても、それを鵜呑みにせずに、自分の耳でしっかり確かめる必要があります。

どこで買えばいいのか？——専門店と量販店

オーディオ機器についてある程度情報を収集したら、次に実際にお店に足を運んでみましょう。その場合、オーディオ専門店に行くのか、家電量販店に行くのか、ここが思案のしどころ。ある程度オーディオの知識がある方なら、最初から専門店に出向いてみるのもありです。ただし専門店の場合、中には〝一見さんお断り〟みたいな取っつきにくいお店もあります。ですから、「どんなことを質問していいのかわからない」という初心者の方は、家電量販店の方が行きやすいかもしれません。

意外に思われるでしょうが、ヨドバシカメラ、さくらや、ビックカメラなどの有名な家電量販店は、単品コンポも扱っているし、オーディオ売場も充実しています。量販店ですから、基本的に「どんなお客様でもウェルカム！」で入りやすいし、試聴もさせてくれます。各種カタログも取りそろえているので、気になる機種のカタログをもらってくるだけでも参考になるでしょう。各量販店とも自社のホームページをもっているので、取扱い機種を事前にざっと見ておくのもいいでしょう。店舗検索で、特にオーディオに力を入れていそうな店舗を探して出かけるのがいいと思います。

宣伝めいた話で恐縮ですが、私はビックカメラの6つの店舗のオーディオ売り場で「麻倉怜士プロデュースコーナー」を持っています。ご参考までに、そのコーナーがどういう経緯で設けられるようになったか、お話ししましょう。

店側がいうには、ここ数年オーディオ売場の客層が変わって、初心者や再入門者の方が増えてきたのだそうです。その人たちは、音楽へのこだわりがあって、それなりに経済力もあるので、ミニコンポではなく単品コンポの購入を望んでいる。ところが何をどう組み合わせていいのかわからず、途方に暮れていらっしゃるようだ、と……。

店側にしても、こういったお客さんに対応するのはむずかしいでしょうね。その人にどのくらいオーディオの素養があって、予算はどれくらいで、どんな音楽のどんな音が好みなのか。その辺を見抜いたうえで、適切なアドバイスをしなければなりません。そこで私に、音楽のジャンル別に、それぞれモデルとなるシステムをCDプレーヤー、アンプ、スピーカーで組んで欲しいという話がありました。

たとえば、オペラの声にときめくシステムならこれ、ヴァイオリンのしなやかな旋律を楽しむならこれ、女性ヴォーカルの艶っぽさを堪能するならこれ、バロック音楽のスピード感・爽快感を味わうならこれ……というように。それらは店頭に展示してあるので、お客さんはその組み合わせ通りに試聴することができるし、一部機器を入れ替えて音を比較することもできる。店側の話では、おすすめセット通りに買う人もいれば、自分なりに機種を入れ替えて買う人もいるそうです。やはり、ある一つの模範例を提示してあげた方が、入門者層には判断がつきやすいのかもしれません。私のコーナーは川崎店が本拠地です。ここでは毎月1回、ユーザー対象のイベントを開催しています。

もっとも、量販店が利用できるのは、都市部にお住まいの方に限られてしまいます。地方にお住まいの方は近くの専門店に行くしかありませんが、その場合は土日の忙しい時間帯を避け、平日の空いている時間を選んで行くことをお勧めします。お店の人がどんなにコワモテに見えても、本心では、一人でも多くのお客さんを獲得したいし、一人でも多くの人にオーディオ好きになってほしいと思っています。「初心者なのでお願いします」と素直に相談すれば、かならずあなたの力になってくれるはずです。

チェックディスクを持ち込もう

さて、あなたはコンポを新調するために、お店に足を運びました。そこではまず、考えている予算をきちんと伝えること。そして、必ず試聴させてもらいましょう。カタログデータやスタッフの話を鵜呑みにするのは禁物です。ぜひチェックディスクとして、愛聴盤も含めたCDを2、3枚持参してください。そのCDをスタッフに見せて自分の音楽の嗜好を伝えれば、それに合うシステムを提案してくれるでしょうし、的もぐっと絞りやすくなります。また、試聴するのが愛聴盤なら、音の良し悪しや好き嫌いも判断しやすいはずです。

チェックディスクについて付け加えておくと、自分の好きな分野のCDだけでなく、少し離れたものも持っていくといいでしょう。たとえばクラシックで、ヴァイオリンが大好きという人なら、まずは無伴奏のヴァイオリン曲で、弦楽器が空間に発する撥音性や倍音、特有の質感をどのくらい出せるかチェックしてみる。次に室内楽曲で、ヴァイオリンの音だけでなく、ピアノが芯のある響きのいい音をさせているかどうか、弦楽器とのバランスはどうかをチェックする。最後に交響曲で、管楽器や打楽器、全体のバランスを聴いてみる。こうして好きな分野の周辺まで含んだ試聴をすれば、音の良し悪しを相対的に判断しやすいですし、将来的に音楽の好みが変わったとしても安心です。

またチェックディスクには、できるだけ録音の良いものを選んでください。80年代前半に発売されたCDは、総じてCD本来の音を出し切れていませんから、比較的最近に録音またはリマスタリングされたものがおすすめ。録音の良し悪しは、オーディオ誌のレコード評や、試聴記事などで評論家がリファレンスに使っているものを参考にしてください。

チェックディスクの聴き方として絶対やってはいけないのは、曲の途中で対象機器(アンプやスピーカーなど)を切り替えること。その時は、一度CDを停止して、最初から同じ箇所を聴き直してください。そうしないと、厳密な比較にならないからです。もし、曲の途中でスピーカーを切り替えてしまったら、スピーカーが変わったことによる音の変化しかわからない。変化というのは相対的なものです。知りたいのは絶対的な音の特徴なので、かならず同じ曲の同じ箇所で比較すること。そうすれば、音そのものの違いがより立体的、実感的にわかると思います。

また2枚以上のCDを試聴するときは、聴く順番を守ること。最初のスピーカーでA→Bの順で聴いたら、次のスピーカーでもその順序で聴いてください。B→Aで、次はA→Bでは、頭が混乱してしまいます。そうやって自分なりにルールと形式を守ることで、自分の中の批評精神を呼び覚まし、よりシビアな判断ができるようになるのです。

店ではこうやって試聴しよう

最初のうちは、切替スイッチで次々に機種を切り替えて試聴することになります。粗選びの段階では、それで十分でしょう。試聴したら、感想を忘れないうちに必ずメモを取ること。ただし、あまり頻繁に機種を切り替えたり、一度にまとめて5機種以上聴き比べると、自分でも何がなんだかわからなくなるおそれがあります。長時間スイッチを独占しては、店側にも迷惑がかかるでしょう。時間を置いて一度に3機種くらいずつ、聴くポイントを絞って試聴するのが無難でしょう。

試聴させてもらったことに変な負い目を感じて、最初の店で安易に決めてしまわないこと。対応するスタッフによって、専門知識もアドバイスの仕方も違いますから、時間があれば5店舗くらい回って（一日ですべて回る必要はありません）、いろいろな人の話を参考にしながら試聴するのがいいですね。そうやって試聴するうちに、「これは！」と思うスピーカーが見つかったり、何となく気になるアンプが出てくるものです。そうなったらシメたもの。次に行く店ではスピーカー（あるいはアンプ）を固定し、そのスピーカーを好きな音で鳴らしてくれるアンプ（あるいはスピーカー）やCDプレーヤーの目星をつけていけばいいのです。

気に入ったスピーカーが見つかった場合、そのメーカーのショールームに行ってみるのも一つの選択肢です。そこで改めてじっくりとスピーカーの音を確認し、「これがいい！」と決断したら、そのスピーカーを中心にシステムを組めばいいでしょう。ショールームで検討した場合、すべて同一メーカーのシステムになりますが、そのシステムで気に入ったスピーカーを十全に鳴らし切れるのであれば、それもまた賢い選択だと思います。もちろん、メーカーのショールームで試聴したからといって、それを購入しなければならない理由はありません。試聴した数だけあなたのオーディオ知識と体験は深まり、それがよりよいコンポ選びにつながるのです。最悪なのは、試聴もせずに「安いから」とインターネットなどの通信販売で購入してしまうこと。便利なサイトもあって、さまざまな口コミ情報が載っていますが、それらを参考にするのは、購入したい候補がある程度決まってからにすべきでしょう。

麻倉流・コンポの選び方

試聴してみればわかりますが、CDプレーヤーやアンプに比して、音の鳴り方がはっきり違うのはスピーカーですね。音色を決める最大の条件はスピーカーです。オーディオ三点セットをたとえると、プレーヤーが作曲家、アンプが演奏家、スピーカーが演奏家が使う楽器だと言えます。スピーカーは先端技術が集積した芸術と科学の融合製品であり、お国柄や作った人の文化や価値観を色濃く反映しています。つまり単に音が出る道具ではなく、優れて文化的な存在とも言えます。ですから、スピーカーはぜひとも、自分の好みの音調のものを見つけなければなりません。

スピーカーを選びやすくするために、CDプレーヤーを最初に固定してしまうのも一つの方法。私の場合、デノンDCD‐SA1をリファレンスにシステムを組むことが多いですね。デノンのCDプレーヤーは音のバランスが良く、強調感が少なく、聴こえ方が自然でしなやか。音の色づけがとても少ないので、これが判断基準に使えるはず。つまり、デノンのCDプレーヤーとつないでいるのに音が元気で派手派手しければ、それはすなわちスピーカー固有の音だといちおう判断できるわけです。ただし、DCD‐SA1は税込み価格52万5000円。全体の価格バランスを考えれば、一般的にはDCD‐1650AE（税込み15万7500円）をチョイスしておいた方がいいかもしれません。

CDプレーヤーを固定したとして、次にアンプを仮決めします。同一メーカーのデノンでもいいし、他社製を選んでも構いません。そうしてCDプレーヤーとアンプを固定しておいて、いよいよスピーカーの吟味に取りかかります。これはとても重要な作業なので、スピーカーの音の違いにじっくり耳を傾けてください。前述の通り、愛聴盤の試聴が有効です。それも、同じ曲の同じパッセージで聴き比べること。「このバイオリンのかすれ具合がたまらない」とか、「このバスドラを腹にこたえるように聴きたい」とか、聴きたい音を具体的にイメージしておくといいですね。

試聴を続けていると、ある時点でスピーカーは3機種くらいに絞られてきます。そこで次にCDプレーヤーとスピーカーをある程度固定して、今度はアンプを取り替えながら聴いてみる。仮決めでデノンのアンプを選んでいたとしたら、ガラリとキャラクターを変えて、海外製のアンプを聴いてみるのもおもしろいですね。最近の私のおすすめは、英国・MUSICAL FIDELITYのA5というアンプ。しなやかで潑剌とした音がします。イタリアのAUDIO ANALOGも、価値のあるアンプだと思います。

さて、これまでの試聴でスピーカー3機種、アンプ3機種くらいに絞れたら、今度は店舗の試聴室で本格的に聴き比べてみましょう。切替スイッチによる試聴では、スピーカーのセッティングに問題があったり、さまざまなノイズの影響を受けていたりして、かならずしも機器本来の音を聴けていないおそれがあります（でも音の傾向はわかります）。最近では専用の試聴室を用意している量販店もありますので、スタッフに試聴室で試聴したい旨を告げて、聴きたい機種を指定してください。セッティングや結線はスタッフがやってくれます。試聴室できちんと試聴すれば、本当に気に入ったコンポを手に入れられる確率はぐんと高くなるでしょう。

コンポの組み方、予算の考え方

スピーカーの音は千差万別ですから、自分の好みのものを選ぶしかありませんが、CDプレーヤーとアンプに何を選ぶかは、ちょっと考えどころです。一つの考え方としては、デノンならデノン、マランツならマランツと、同一メーカーのもので組み合わせる方法があります。この、いわば〝純正〟な組み合わせをすれば、ある意味間違いはありません。メーカー側も、自社製品同士の組み合わせを想定して音作りしていますから、音のキャラクターも整っているはず。

一方、まったく違うメーカー同士の製品で組む考え方もあります。この場合、違うキャラクターの相乗効果で、意外に音が良い可能性もある。逆に、キャラクターがバラバラでひどい音になるおそれもあります。一番失敗が少ないのは、自分の好みのスピーカーとそれをうまく鳴らしてくれるアンプをまず決めて、CDプレーヤーを最後に決めるやり方。CDプレーヤーはオーディオ誌などで評判のいいものを選ぶとよいでしょう。

次に、予算配分の考え方。全体の予算を10とすると、スピーカー4：アンプ3：CDプレーヤー3というのが、もっともバランスが取れているといえます。あるいは、「どうしてもこれにしたい！」と惚れ込んだスピーカーがある場合は、スピーカー5：アンプ3：CDプレーヤー2もありだと思います。また、「いまはとりあえず音楽が聴けるシステムを揃えておいて、将来的にグレードアップしていきたい」というのであれば、スピーカー3：アンプ4〜5：CDプレーヤー2〜3という線も考えられます。

いずれにしても、どんな予算配分で何を選ぶかは自分次第。趣味である以上、これが正解というものはありません。そしてあなたの選んだシステムには、かならずあなたの個性が反映されます。ぜひ、あなたの個性が強く感じられるシステムを組んでください。それこそがオーディオのおもしろさです。

麻倉流・おすすめ構成

ビックカメラの私のコーナーでのシステムを幾つか紹介しましょう。ひとつが、「女性ヴォーカル」の再現性にこだわったシステムです。スピーカーはイギリスのモニター・オーディオのＧＳ10。音楽的な情報をしっかりと再現するスピーカーです。ハイスピードで、歯切れが抜群。微小信号をていねいにとらえ、ヴォーカルのニュアンス再現に優れています。ＣＤプレーヤーはデノンのＤＣＤ-１６５０ＡＥ。定番中の定番のプレーヤーです。表現力に優れ、レンジも広いです。プリメインアンプはイギリスはＭＵＳＩＣＡＬ ＦＩＤＥＬＩＴＹのＡ５。とても上質な音です。音楽の骨格がしっかりと奏され、電気信号に含まれる音の情報に対して、ボキャブラリー豊かに、「音楽」として表現する力があります。スピーカーにはＫＥＦのｉＱ５も素敵です。またＡＬＲ／ジョーダンのエントリーＳｉもコストパフォーマンスが抜群の品位の高い音です。

ＪＡＺＺセットとしてアーシーなビートをリアルに楽しめるシステムも組みました。スピーカーはソウルフルな再生が得意なＪＢＬの伝統の４３１２ＤＫＲ。ＣＤプレーヤーはイギリスのＭＵＳＩＣＡＬ ＦＩＤＥＬＩＴＹ ＮＥＷ Ａ３・２です。ジャズの再生に、イギリスのＣＤプレーヤーとはジェントルな方向だと思われがちですが、実にリズミックな音調をしています。このＣＤプレーヤーは音の器が大きく、生命感溢れる音楽が等身大のスケールで演じられます。輪郭がしっかりとして、密度が高いのです。プリメインアンプは真空管のオーディオスペースのＡＳ６Ｍ２Ａ３です。真空管機としては珍しく力感に溢れ、押し出しがくっきりとしています。グラテーションが緻密で、空間感が良いのは真空管らしい特徴ですね。

ヴァイオリンセットの主役は、ドイツはエラックのスピーカー、ＣＬ３１０・２ＪＥＴ。エラックは、ここにきて非常に評価が高まっています。それは、従来の延長ではなく、新しいテクノロジーにより、まったく新しい切り口の音を実現しているからです。このスピーカーはたいへん敏捷で、反応がスピーディです。微小信号まで反応が速いので、それがリアルな臨場感につながるのですね。この音はやはり、ヨーロッパの長い音楽の伝統を基礎にしていることがわかります。音楽に対する俊敏な対応と、表情の豊かさが素晴らしいですね。ＣＤプレーヤーはマランツのＳＡ‐１５Ｓ１。室内楽を品質感高く、聴かせてくれます。プリメインアンプはイギリスはアーカムのＡ80。レンジ感が広大で、伸びも気持ち良いもので、低音のスケール感も十分です。品格を感じさせるテイスティなサウンドです。ここには入れませんでしたが、ドイツのオクタープの真空管アンプの音もいい音です。

甦った名機のサウンドに酔いしれる

「美的コンパクト・システム」というのも組みました。アンプ系は古典的なたたずまいが美しいオーラデザインのCDレシーバー。これは前述しましたね。組み合わせるスピーカーは、国産メーカーとして、ここまでの音を発するのかと驚いたクリプトンの「vigore（ヴィゴーレ）」KX‐3Mです。このスピーカーは国産、輸入を問わず、トップクラスのクオリティだと思いました。さわやかに広がる中高域がたいへんクリアで、音の情報が多い。しかも情緒もてんめん。輪郭の切れ味も鋭い。音楽的なバランスも特上ですね。

実は、このスピーカーの出自は、型番でわかります。KX‐3の「K」とは、このメーカーの「クリプトン」の頭文字です。同社は医療用機器、航空機のシミュレーター、防犯・防災システムなどのメーカーですが、近年、オーディオ・アクセサリーに進出し、スピーカーでは、この製品が第一弾です。

では「X‐3」とは何か。答えは「ビクターのSX‐3」です。実は、この格段に素晴らしいスピーカーKX‐3は、今から34年前にビクターで名機・SX‐3を開発した当のエンジニアが、クリプトンに移り新規に開発したものでした。

かつてのSX-3は一世を風靡した、世紀の名スピーカーでした。「SX-3を最初に聴いた時、我々はそのゆったりとした肩のこらない音に驚いた」と、アメリカのオーディオ誌『ステレオレビュー』(1973年8月号)は述べました。同誌だけでなく、欧米の代表的オーディオジャーナリズムは異口同音に、賞賛しました。

そんな昔年の名サウンドが、新鮮な響きと豊かな表現力を伴って現代に甦ったのが、KX-3なのです。今回のKX-3は、そんなテクスチャーに情報量の多さ、解像力の高さが加わりました。技術の記号的にも、高音用ソフトドーム、クルトミュラー社コーン紙、アルニコマグネット……など、SX-3とほぼ同一です。もちろん、当時のままであるはずはなく、個々には改良が加えられているわけですが、大事なのは、「よい音楽を再生したい」という心で、この技術の他はないという信念で作ったものは、いつの時代でも感動的な音を聴かせてくれることです。音は人間を表わします。作った人の人間性自体が音に乗り移り、キャラクターとして音を支配します。だから、音を聴けば、このスピーカーの開発者は、「音楽性豊かな心」の持ち主であることがわかりますね。

第5章　コンポを120％使いこなす

自分を「信号」だと思うこと

前章では、コンポの選び方・買い方を説明しました。本章では、購入したコンポの使いこなしについて解説することにします。

さて、新調したコンポがいよいよ家に届きました。はやる心を抑えながら、梱包を解いて所定の位置にセッティング。接続を確認し、期待しながら音を出します。そこであなたは、おや？と思うはず。試聴したときは、もっといい音だったはずなのに……。

私の経験からいっても、届いて接続したばかりのコンポの音は、たいてい期待はずれのことが多いですね。あなたがコンポを試聴したとき、特にそれが専門店の場合だったら、コンポの能力をフルに引き出すため、セッティングに非常に気を遣っていたはずだし、接続するケーブルにまでこだわっていたはず。それらのさまざまな使いこなしのテクニックが相乗効果で効いていたので、音がよかったのは、ある意味当然なのです。

一方、買ってきたばかりのコンポは、単に所定の位置に置いて接続しただけ。感覚的には、全能力の40%くらいしか出ていないのではないでしょうか。そこで、その40%をいかに100%に近づけるか、あるいは120%にまでもっていくかは、あなたの使いこなしのテクニックにかかっているわけです。

これがあるから、オーディオはおもしろいんですね。買ってきて接続しただけで、すべての機器が100%の実力を発揮するなら、あなたにとってもシステムにとっても、進歩がなければ成長もない。オーディオ機器は潜在的に、よりいい音を出せる可能性を秘めている機械です。作曲家や演奏家の魂があなたに100%ストレートに伝わってこないとすれば、必ずどこかに、それを妨げている障害物があるはず。それをあなたのテクニックで取り除いてやって、システムを十二分に使いこなしましょう。

コンポの使いこなしに関して私が提案したいのは、「自分が信号になったつもりで考えてみよう」ということ。オーディオの使いこなしとは、いかにきれいな、純粋な、そしてノイズのない信号を伝送、処理するかということに尽きます。ここで自分が信号になったつもりで考えてみると、それまで気づかなかったいろいろな発想が出てくるはずです。オーディオ機器は冷たいハードではなく、温かいハートを持った人間的な道具なのです。そこで人間的な感覚から発想したオーディオの使いこなしを考えてみましょう。

たとえば、あなたが信号として、CDの中で取り出されるのを待っていたとします。あなたとしては、できるだけスムーズにCDを回転させてもらって、安全確実な形でピックアップに拾い上げてもらいたい。拾い上げてもらったら、D／Aコンバーターでデジタル信号からアナログ信号に変換されるわけですが、変換の過程で何かを削られたり、何かを付け加えられたりはしたくない。アナログ信号に〝変身〟したら、今度はケーブルを伝わってアンプに送られますが、その際はストレスを感じることなく、ごくスムーズに移動したい……。

そこで、自分が歩いていく姿をイメージしてみてください。道幅の広い舗装道路だったら、あなたは気持ちよく歩いていけますね。しかし、その道にたくさんの凸凹があったり、石ころが転がっていたり、障害物が立ちふさがっていたり、何カ所か道が急に細くなっていたり、急に曲がっていたり、あるいは足下が不安定な砂地になっていたら、あなたは思うように前に進むことができませんね。それはそのまま、音楽信号の滞りとなって、システムから出てくる音を悪くするのです。自分が信号になったつもりで考えるというのは、そういうことです。信号を歩きにくくしている要素を一つひとつ取り除いてやることが、あなたのシステムの音を良くします。

電源の極性を合わせよう

コンポの使いこなしの出発点は、まず電源を正しく接続することです。電源はものすごく大切です。なぜならば、それは音質の「源」だからです。電源部は音のエネルギー源であり、いかにきれいでパワフルな電源を持つかで、その機器の音質が決まります。家庭の100V・AC電源こそは、音質を左右するきわめて大きな要素なのです。

アンプやCDプレーヤーなど電源を使う機器には、必ず＋（プラス）と－（マイナス）の極性があります。また、家庭のコンセントにも極性があります。家庭の電力は家の近くにある柱上トランスから供給されていますが、その電力線のアース（接地）されている側が－。部屋のコンセントをご覧になると、細長い穴が二つ並んでいると思いますが、通常は右側の切れ目の長い方が－ですね（コンセントの＋側を「ホット」、－側を「コールド」と呼ぶこともあります）。ですから、コンセントの極性を機器の極性と合わせて、－同士、＋同士で接続しなければなりません。

では、オーディオ機器の極性はどうやって見極めればいいのでしょうか。

ある価格帯以上のオーディオ機器であれば、極性がきちんと表示されています。たとえば、電源プラグの片側に丸や三角の印が打ってあったり、電源コードの片側が白く塗られていたり。基本的には、印がある側、白いラインの入っている側が－です。ただし、メーカーごとに表示方法は異なるので、最終的には取扱説明書で確認してください。

間違った極性で電源を接続すると、出てくる音はどこか伸びきらず、詰まったような感じがつきまといます。きつく、硬くなり、伸びやかで気持ちいい音にはなりません。極性が合っていればその逆で、天井が高くなった感じで、音がしなやかで、やわらかく、気持ち良く広がっていきます。

ここでもう一度〝いい音〟について説明しておきましょう。第1章で、「いい音＝自然な音」と書きましたが、少し補足すれば「いい音＝自然な音＝やわらかい音」です。やわらかいといってもフニャフニャの音という意味ではなく、音の芯にしっかりと実在感があって、そこから音の細かな粒子がしなやかに進行していくイメージですね。

機器に極性表示のない場合は、まず電源プラグを差してみて、自分の耳で確かめるしかありません。極性が合っていれば、やわらかく、ふくよかで、温かい音がする。しかも、音のフォーカスが合い、輪郭がしっかりと再現されます。極性が合っていなければ、音が硬くて、チリチリしていて、ほぐれない印象です。慣れてくるとわかるようになります。

きれいな電源をとるコツ

極性の次に考えなければならないのが、電源をどこから取るか。ＣＤプレーヤーの電源を、アンプ背面のサービスコンセントから取る人もいますが、それは絶対にだめです。貧弱に電源しか供給できない上に、ＣＤプレーヤーからノイズがアンプに流れ込むため、貧弱で濁った音になりがちです。

一番いいのは、アンプもCDプレーヤーも、それぞれ壁のコンセントから直接取る方法です。とはいえ、その部屋では他の電気製品も使われているはずですから、オーディオに二口分割くのはむずかしいでしょう。そこでおすすめなのが、音質対策されたテーブルタップを使うことです。音質用のタップとそうでない普通のタップでは、出てくる音が天と地ほども違います。ぜひオーディオ用のタップを選びましょう。

オーディオ専門店に限らず、最近では家電量販店でも音質対策されたテーブルタップを数多く扱っています。コンセントの口数も、二口あり、三口あり、四口あり、六口ありとさまざま。とりあえず二口あれば足りますが、FMチューナーやDVDプレーヤーなど、将来機器が増えるかもしれないことを考えれば、口数の多いもの、できれば六口のものを選んだ方がいいですね。ただし、六口のタップにも日本製、海外製といろいろあって、音はそれぞれ違います。タップはなかなか試聴するわけにいきませんから、専門誌のテスト記事を参考にするといいと思います。

さらに電源レギュレーターを使うという手もあります。いくら高音質タップを使ったとしても、実は大元の電源が汚れていては意味がありません。普通家庭の電源にはたくさんの高周波ノイズ（人の耳に聞こえない高い周波数を持つノイズ）が乗っています。近くに工場がある場合は、工場内部で発生する高周波数ノイズが架線を伝わって家庭の電源ラインに入ってきます。家庭内にもノイズ源はいっぱい。掃除機や冷蔵庫などのモーターから発生するノイズ、蛍光灯からのノイズ、それにパソコンなどのデジタル機器からのノイズ。さらにはＣＤプレーヤー、ＤＶＤプレーヤーなどのデジタルオーディオ機器それ自身も、ノイズを電源ラインに放出しています。

そうした汚れを根本的にきれいにするための製品が電源レギュレーターです。これは各種の製品があり、それぞれに効果が違います。かなり上級者っぽくなりますが、試す価値は大いにあります。レギュレーターから前述の音質対策タップを通して機器の電源を取るのがベストです。

ちなみに私は業務用電源メーカーの信濃電気のレギュレーターを使っています。導入してからもう十数年になりますが、これなしのオーディオ生活は考えられません。通すと通さないで、まったく音質が違うのですから。

CDプレーヤーとアンプのセッティング

次に考えたいのは、CDプレーヤーとアンプをどのようにセッティングするか。ここでは、CDプレーヤーを例に挙げて解説します。

あるオーディオイベントで、機器のセッティングについて実験したことがあります。極端に悪い例として、デノンのDCD-SA1というCDプレーヤーを枕の上に載せて再生したのですが、見事なまでに音がやせてしまいました。本当にひどい音でした。

ここで、先ほどの「自分が信号になったつもりで」という話を思い出してください。台に乗って高いところにあるものを取ろうという時には、その台の安定性が大切ですね。フラフラした台の上に乗ると、とても不安定になり、落ちついて作業ができません。やはり台はしっかりと踏ん張っていないとなりません。それはオーディオ機器の場合もまったく同じ。絶対にしっかりとした土台に安定して置かれていなければなりません。支点がしっかりしないと、あたかもフラフラした台の上に乗って高いところにあるものをとろうとするように、非常に危なっかしいことになってしまいます。

では、しっかりした台に載せるとして、その台はどんなものがいいのでしょうか。多くの場合、ラックということになりますが、ラックも素材別にいろいろあります。木製のもの、鉄製のもの、ガラス板を使ってあるもの。どんなラックでも基本的に、CDの再生音に素材の音が乗ると思った方がいいですね。鉄は安定感がありますが、どこか冷たい響きが乗り、ガラスはシャリンと高く澄んだ響きが乗る。好みもあると思いますが、私なら温かみのある音がする木製をすすめします。私の経験からすると、合板ではなく、無垢材で目の詰んだものがいいようです。

私はいまの自宅を2×4（ツー・バイ・フォー）構法で建てましたが、そのとき大工さんに頼んで、同じ2×4材でラックも作ってもらいました。たぶんカナダのカエデ材だったと思います。加えて当時評判だったオーディオ・ラックをいろいろ取り寄せ、自宅で聴き比べてみました。結果は、2×4のラックが一番音が良かった。合板製のものは、いろいろな板を張り合わせてあるため、振動モードも複雑になるのでしょう。逆に無垢板は、それ自体のキャラクターがないわけではありませんが、それが嫌味な感じには出てこない。というわけで、ラックはできれば無垢の木製を。ただし、合板製でも音質を吟味したものも当然、あります。

また、台に凝るのであれば、専用のオーディオ台を導入するのも一つの方法です。たとえば50㎜厚の無垢板で作られていたり、制振性の高い鋳鉄で作られていたり、オーディオ台はとても重く、剛性も高い。それなりに高価ですが、音質改善効果は間違いなくあります。先ほどご紹介したイベントでも、ガラスのラックの次にオーディオ台を使って試聴したとき、あまりの音の変化に会場もどよめいていました。音が重層的になって、より艶が出てきた。驚いたのは、音の非常に微小なところが出てきたこと。コンサート会場の空気感や、音が消えゆく際の美しさみたいなものも感じられるようになりましたね。演奏全体からすれば、取るに足らないくらい微小な信号ですが、それがあるかないかでは、音楽から受ける感動がまったく違います。お金を節約するなら、東急ハンズなどのＤＩＹショップで、サイズに合った無垢板を買ってくること。それを先ほどの合板製ラックに置き、その上にＣＤプレーヤーをセッティングすれば、かなりの効果があります。ただし水平がきちんと出た板でないと、効果は低いです。

セッティング用には、インシュレーターというオーディオアクセサリーもあります。これは3～4個で1組になっていて、機器の下に置いて振動を吸収するもの。これも木材、鉄、銅、真鍮、ガラス、ゴムとさまざまな素材のものが売られていて、それぞれにキャラクターがあります。前述のイベントでは、チタン製インシュレーターを使ってみました。これも、はっきり音が変わりましたね。音の堆積感というか、さまざまな音が重なり合って鳴っているのがしっかり聴き取れるようになった。インシュレーターは手頃な価格のものも多いので、いろいろ試してみるのも楽しいです。

とっておきのセッティングの裏ワザ

ここで、私のとっておきの裏ワザをご披露しましょう。それは、台とCDプレーヤーの隙間（プレーヤーの脚の高さの分だけ空いているはずです）にフェルトなどの吸音材を押し込むというもの。特別な吸音材でなくても構いません。タオルを畳んだものでもOK。きわめてイージーな対策ですが、時には、それがすごくよく効くこともあります。

音質改善の方向としては、先ほどのオーディオラックやチタンのインシュレーターと同じで、解像度が上がって、細かな音まで聞こえるようになる。なぜ効果があるかというと、たとえ2～3㎝程度の隙間であっても、そこに空間がある以上、スピーカーの音がそこでかすかに共鳴しているんですね。それがＣＤプレーヤーの底板を揺らし、ピックアップを揺らし、細かな振動を与えています。その不必要な空間を埋めてやることで、音が良くなるのだと考えられます。大体の場合、音にまとわりついていたモヤモヤが消え去り、フォーカスがきちっと合ってくるのです。音の剛性感が向上し、輪郭がはっきりと描かれるようになります。音の乱反射とその悪影響を取り除くという、非常に簡単なやり方ですが、効果は抜群です。

イベントではこの対策も好評だったので、「それでは！」と高価なオーディオ台も併用してみました。ところが、オーディオ台とＣＤプレーヤーの隙間に吸音材を押し込んだところ、これはやりすぎでした。逆に、やせたつまらない音になってしまった。振動には音を豊かにする要素もあって、すべての振動を取り去ってしまうと、音の生命感みたいなものまでなくなってしまうんですね。この辺が使いこなしのむずかしいところで、1＋1が2になるとは限らず、マイナス2になる可能性もあるのです。

いずれにせよ、ＣＤプレーヤーのセッティングでは、何かを変えれば必ず音も変わります。ただし、それがいい方向に変わるとは限らないので、さまざまな方法を組み合わせながら、カット&トライで最良のセッティングを見つけていくしかないでしょう。
なお、アンプのセッティングはCDプレーヤーに準じてください。

気を遣うべきスピーカーのセッティング

スピーカーもまた、セッティングには気を遣うべきコンポです。

スピーカーは、そのユニットに振動板とボイスコイルをもっています。ボイスコイルで電気エネルギーを運動エネルギーに変換することで、振動板が前後に動き、それが音波となって聞こえる仕組みです。このとき、スピーカーのエンクロージャー（箱）自体がグラグラしていたらどうなるでしょう。振動板の動きはエンクロージャーの動きに相殺されてしまい、出るべき音がきちんと出てこないことになります。音の解像度が下がって、空気感や艶っぽさまで失われてしまう。これは徒競走のスタートの時を思い起こせばよく分かります。足を掛けるスタート台がフラついていては、駿足で飛び出すことはできませんね。スピーカー・ユニットの動きもこれと同じこと。安定した支点が絶対に必要とされる所以です。エンクロージャーは微動だにせず、振動板だけ自由に動ける状態をつくることが、スピーカーのセッティングの基本です。

そこで、先ほどCDプレーヤーのセッティングで学んだノウハウが活きてきます。実は大きなフロア型でも、振動対策は効果があります。フロア型はそれ自体でしっかりしたベースをもっていますが、それだけでは不十分な場合が多いですね。

私は自宅でJBLのProjectK2という、重さ150kgのスピーカーを使っています。それ自体コンクリート製の重いベースで支えられていますが、最初普通に設置したとき、どうも低域のヌケがいまひとつだった。それでリスニングルームを改装したとき、スピーカーを設置した床の床下部分を、思いきってコンクリートですべて埋めてしまいました。メカニカルアースといって、スピーカーを大地に直に接地させる手法ですね。すると途端に低域の充実感が向上して、中高域までクリアに聞こえるようになった。もともと重たいベースを持っていた大きなスピーカーでもこれだけの効果があるのですから、小型スピーカーなら安定したセッティングの効果はさらに大きいと思います。

たとえば、ブックシェルフ型。このタイプは基本的に、本棚に押し込んで鳴らすことが前提とされています。本棚を疑似バッフルとして使うことで、それ自体では本来出しにくい低音を補うわけですね。ただし近年では、音場感や定位がより重視されるようになって、ブックシェルフ型でも広い空間の中空に浮かした状態で鳴らすケースが増えてきています。その場合はやはり、メーカー指定のスタンドを使うのがベストでしょう。スタンド込みの音作りがなされていますし、セットした時点で最適な高さになるよう設計されていますから。

エンクロージャーがガタついている場合には、床との床との間にコインや厚紙を挟んで調整します。これで音の締まりや低音の反応が良くなるでしょう。その材質によっても音が変わります。低域がブーミーになりがちの部屋では、スパイクを使うと、音がクリヤーになります。

スピーカーはタテにもヨコにも注意

スピーカーセッティングで、もう一つ重要なのが高さです。

少しむずかしい話になりますが、音は周波数が高くなればなるほど、指向性が強くなります。指向性が強くなれば、音波はどこまでも真っ直ぐ進もうとします。指向性をもつのはおよそ500Hz（男性の声くらい）から上の周波数で、特に問題が出てくるのは3kHz（赤ちゃんの声くらい）以上です。高い音は糸を引いたようにまっすぐ進んでくるので、耳の位置がそのラインからズレると、急に聞こえにくくなるんですね。そうした状態で音楽を聴くと、高音だけ耳に届きにくく、艶のない沈んだ音に聞こえてしまう。

そこで、スピーカーをセッティングする際には、リスニング位置に座った人の耳の高さに、トゥイーター（高音再生ユニット）の高さをそろえることが基本になります。

また、スピーカーは低い位置にセッティングした方が、低音が豊かになります。低音には指向性がなく、振動板から全方向に拡散するように輻射されますが、そのときスピーカーの位置が低く、ウーファー（低音再生ユニット）から床までの距離が近いと、床に反射した低音が前に張り出してきて、結果的に低音が増強されるのです。

こうしたスピーカーの特性を踏まえ、まずトゥイーターの高さを耳の高さに合わせ、可能であれば床からの距離で低音を調節するようにしてください。

こうした高さ調整は、スピーカーの縦方向におけるセッティングといえます。そこで次に、横方向のセッティングについても考えてみます。ステレオは、スピーカーの右c h〜左chを結んだ線を底辺として、正三角形、もしくは二等辺三角形の頂点の位置で聴くのが基本。これを「オルソン方式」といいます。リスナーの位置が、左右のスピーカーから等距離であることがポイントですね。この状態で音楽を聴くと、二つのスピーカーの間の何もない空間を中心に音場が広がり、その中に音像が定位して、豊かなステレオ感を味わうことができます。

スピーカーの横方向の配置では、後ろの壁、左右の壁との距離が重要になります。先ほどご説明したとおり、低音は全方向に輻射されますから、後ろの壁、左右の壁に近いほど反射して、増強されます。特に部屋のコーナーに押し込んだときはさらに増強されますから、えてしてブーミーな濁った低音になりがちです。低音が出ないスピーカーなら、逆にコーナーに置いて低域を増す手もあります。

また、左右の壁に近づけすぎると、中高音も影響を受けます。音波が壁にぶつかって跳ね返ってくるため、ユニットから直接耳に入る音（直接音）と、跳ね返ってから耳に届く音（間接音）との間に時間差が生じ、それが音の濁りに感じられるのです。ですから、低音がよほど物足りないというのでなければ、スピーカーは壁から離してセットした方が無難です。

また、スピーカーの角度という問題もあります。後ろの壁と平行に置くのか、リスナーに向けて少し内側に振るのか。

後ろの壁と平行に置いた場合、定位は甘くなりますが、音場は豊かに広がります。逆にリスナーに正対するまで内側に向けると、定位も音像も明確になります。ただし音場はあまり広がりません。その間をとって、オフセットして少しだけ内側に向けると、定位も音場感もほどほどに得られます。結局、どの角度を選択するかは、リスナーがどんな音楽を好むかによるのでしょう。ジャズコンボのような小編成の演奏が好きな人なら、定位重視でスピーカーを内側に向けるべき。逆にオーケストラのような大編成の音楽が好きなら、音場感重視でスピーカーは平行に置く方がよいでしょう。

ケーブルを交換してみよう

ここまで対策を進めてくると、あなたのシステムは、きっと見違えるようないい音で鳴っているはず。コンポが急に良くなったわけではありません。ようやくあなたのコンポが、本来の実力を発揮し始めたのですね。

このレベルまでくると、さらに実力を引き出すために、ケーブルの交換を考えてもよいでしょう。価格はピンキリで、100円／1mから100万円／1mまで、実に多くのケーブルは発売されています。ただし、ケーブル交換は劇薬みたいなところがあって、音質改善の特効薬になることもあれば、いつしか方向性を見失い、オーディオの泥沼にはまってしまうこともあります。ですから、ある程度オーディオの知識をもっている方でなければ、安易にはおすすめできません。

オーディオで使うケーブルといえば、電源ケーブル、RCA型オーディオ信号ケーブル、スピーカーケーブルの3種に加えて、デジタル・ケーブルということになります。いまあなたは、きっとコンポ購入時に同梱されたケーブルを使っていることでしょう。しかし、いままで黙っていましたが、それらのケーブルはあくまで〝音出し用〟なのです。「初期不良がないか、このケーブルでつないでチェックしてください」という程度の、音質最低限のケーブルでしかありません。では、そこそこ高価なコンポなのに、なぜこんなプアーなケーブルが同梱されているのか。それは、「このケーブルは使わないでください」というメーカー側の隠されたメッセージだと思ってください。その真意は「どうかウチのアンプにふさわしい、良質のケーブルを使ってください」ということ。というのも、中途半端に良いケーブルだとユーザーもずっとそれを使い続けてしまい、コンポ本来の音が永久に引き出せない恐れがあるからです。

たかが1本（ステレオでは2本）のケーブルですが、取り替えると音は激変します。ケーブルは多分に相性に左右されますから、実際につないでみないと、音が良くなるか悪くなるか、わかりません。なかなか試聴もしづらいでしょうから、先ほど紹介した専門誌を参考に（行間をよく読み取ること）、これはと思うケーブルを見つけましょう。取っ替え引っ替えが始まると収拾がつかなくなるので、ケーブル交換には長い目で取り組んだ方がいいでしょう。1本交換してしばらく聴いてみて、お金に余裕ができたら、別のメーカーのものを買ってみるとか。近くに同好の士がいれば、借りて使ってみたり、購入したものを交換してもいいですね。

電源ケーブルが取り外せるアンプやCDプレーヤーなら、オーディオ用電源ケーブルも使ってみましょう。電源ケーブルを良質のものに替えれば、前述した極性を合わせた以上の効果があります。電源ケーブルも、各メーカーからたくさん出ていますね。それぞれ芯材や被覆の素材、編み方にこだわっていて、直流抵抗や静電容量の数値も違えば、当然音も違います。私の経験から言うと、どのカテゴリーのケーブルも、概して、太くて重くて硬いものの方が音は良いようです。価格の目安としては、システム総額の1割くらいをケーブル総額の出発点にするといいでしょう。優先順位は電源、RCA、スピーカーの順ですが、その辺は個人の判断で、1割の金額を3分の1ずつに分けて購入するのも良いと思います。

デジタルケーブルで音は激変する

セパレート型のCDプレーヤーでCDトランスポートとD／Aコンバーターを接続する場合、それからAVの世界でDVDプレーヤーとAVアンプを接続する場合、どちらもデジタルケーブルを使います。デジタルだからどんなケーブルでも音は同じ、と、思いがちですが、実はアナログケーブル以上に、個々のケーブルの個性が出ますね。

デジタルケーブルの形式としては、同軸（SPDIFといいます）、光（トスリンク）、

ｉＬｉｎｋ、ＨＤＭＩの４種類がありますが、一番音がいいのは現在のところ圧倒的に同軸です。音に馬力があって解像度が高い。次は光で、音はきれいですが線が細いですね。ｉＬｉｎｋがそれと同格くらいで、ＨＤＭＩは音質が落ちるので注意が必要。これから頑張って音質向上すると期待していますが。また、ＳＡＣＤプレーヤーとＡＶアンプはｉＬｉｎｋでつなげることも覚えておいてください。私のリファレンスケーブルは、ＳＰＤＩＦではアメリカのハーモニック・テクノロジー社の「マジック・デジタル」というものです。素晴らしい情報量と情緒性で、実に音楽性に溢れたケーブルです。

音が良くなる裏ワザ集

本章の最後に、手軽にできる音質アップ法をいくつかご紹介しましょう。

①接点を磨く

オーディオシステムには、いくつかの接点があります。電源プラグ、ＣＤプレーヤーの出力端子、アンプの入力端子と出力端子、スピーカーの入力端子、そしてそれぞれをつなぐケーブル両端の端子。四六時中空気にさらされていると、たとえ金メッキでも酸化してしまうので、これらの接点を定期的に磨いてあげましょう。専用クリーナーも発売されていますし、消毒用アルコールを薬局で買ってきてもいいと思います。それらを布に染みこませ、ゴシゴシこするだけ。すると、大げさにいえば霧が晴れたように、音の見通しが良くなります。半年に一度くらいは実行してみましょう。

②スピーカーユニットの取付ネジを締め直す

スピーカーをある程度の音量で鳴らしていると、その振動で、ユニットをバッフルに取り付けているネジが緩んできます。また、エンクロージャーは木材ですから、その乾燥によって緩むこともあります。取付ネジの緩んだユニットは音に締まりがなくなりますから、＋ドライバー（または六角レンチ）で定期的に締め直しましょう。締める際は、端からぐるりと順に締めるのではなく、ユニットを挟んで×を描くように均等に締めていくこと。ただし締め付けすぎは厳禁。ドライバーでコーンをつつかないように注意してください。ちなみに私は月に一度締め直しています。

③エージングについて

裏ワザというわけではありませんが、ここでエージングについて触れておきます。

買ってきたばかりのコンポは、たいてい大雑把な鳴り方で、音が硬く感じられたりします。それは、まだ使いこなしが十分にできていないせいですが、エージング不足という要素もありますね。エージング（aging）を直訳すれば「熟成」ですが、オーディオの世界では、機器を使い続けることで音が良くなる現象を指します。機器に通電することで発熱や振動が発生し、それがコンデンサーや抵抗などの部品の硬さをほぐし、機械的な歪みを減少させるのでしょう。ケーブルにも効きます。たとえば耳あたりのキツかった高音が、数カ月でまろやかになったりします。で、エージングの方法ですが、特別なノウハウはいりません。適当な音量で、毎日音楽を聴き続ければＯＫ。ソースとしては、古典音楽がいいでしょう。音楽の基本は古典ですからね。ＦＭの離調ノイズなどのノイズ系は、システムの音楽性を損ないます。

④ヒートアップ

エージングは長期にわたって機器を練れさせる作業ですが、1日という単位で見ると、今度はヒートアップも必要です。「自分が信号になったつもりで」と繰り返し書いたように、実はオーディオ機器も人間と同じ。起き抜けの人の頭がぼーっとしているように、電源を入れたばかりのコンポも、まだ半分眠っています。通電後1～2時間して、各パーツが十分に温まってから、ようやく所定の能力を発揮し始めるのです。私の場合、CDプレーヤーのLINNのCD‐12はつねにベストコンディションにしておきたいので、買ってから一度も電源を切ったことはありません。また、以前使っていたMarkLevinsonのNo・32Lというプリアンプには電源スイッチがなく、つねに電源ONの状態でした。これは極端な例ですが、「今日はみっちり音楽を聴こう！」というときは、聴き始める1～2時間前から電源を入れておいた方がいいと思います。

ごく大雑把にいえば、高級で音の良いコンポであればあるほど、エージングにもヒートアップにも時間がかかりますね。それは私が弾いている1930年代製造のピアノ、スタインウエイもそうです。はじめは何て鈍い音と思いますが、30分も弾いていると、素晴らしく潑剌として、倍音方向までレンジが広くなり、尖鋭に、クリアになります。

本章でご紹介したさまざまな使いこなしも、高級なコンポほど効果があるといえます。もともと表現力の高いコンポの方が、違いをより正確に表現してくれますから。

第6章　もっといい音を聴きたくなったら

「もっといい音で聴きたい」と思ったら

コンポを新調して何年か経つと、おそらくほとんどの人に「もっといい音で聴きたい」という欲求が芽生えてくると思います。

考えてみれば、それはごく自然なことです。あれこれ悩んで、ようやく新調したコンポ。初めて聴いた音に感動し、使いこなしがうまくいったときなど、我ながら嬉しく、また誇らしくもあったでしょう。そうやって、楽しみながらいろいろな音楽を聴くうちに、あなたはいつの間にか、オーディオや音楽に対して、深い理解力と洞察力を身に付けてしまったのですから。それまで〝いい音〟だと思って聴いていた音も、音楽の構造や音の在り方がわかってくると、「この低音はもっと締まった方がいい」とか、「ここの高域にはもっと倍音が乗っていいはず」とか、自分なりの見識をもつようになる。するとやはり、好きな音楽を新たな〝いい音〟で聴いてみたくなるのです。

また、オーディオに興味をもつと、さまざまなイベントにも足を運ぶようになったでしょう。毎年秋はオーディオの季節で、「東京インターナショナルオーディオショウ」や「A&Vフェスタ」など、イベント・展示会が目白押し。そこで新製品や高級機の音を聴き、評論家の話を聞いてみると、自分のシステムの短所が見えてくる。するとやはり、「もっといい音で聴きたい」と思ってしまうものなのです。

そこでこの章では、将来的なグレードアップについて考えます。

まずは手持ちのシステムを活かす

あなたのシステムがCDプレーヤー、アンプ、スピーカーで組まれていたとして、まず考えられるのは、スピーカーのグレードアップでしょう。

いまのスピーカーの音色が基本的に気に入っているのであれば、同じシリーズの上級のものに替える方法があります。たとえば、いま使っているスピーカーが英国MONI

TOR AUDIOのGS10というブックシェルフ型だったとします。これは、リボントゥイーターを使ったリニアリティーに優れた音が魅力のスピーカーですが、16・5㎝ウーファーによる2ウェイだけに、ともすれば低域が物足りなく感じられる。そこで、同じシリーズのGS20というフロア型にグレードアップすれば、ハイリニアリティーの良さを残したまま、低域を一気に充実させることができます。音色が同傾向ですから、違和感はまったくないですね。

このやり方によるグレードアップは、実はさらなる展開の可能性も秘めています。つまり、メインスピーカーを大型に替えると、いままで使っていた小型スピーカーが余ってしまう。それをリアに回し、後はセンタースピーカーとサブウーファーを追加し、アンプをマルチチャンネル型に換えれば、5・1chが実現するのです（第9章参照）。

あるいは現用モデルと関係なく、スピーカーをグレードアップする方法もあります。コンポを新調した頃は、まだほんの入門者で、実はどんな音が自分の好みなのかも、はっきりわかっていなかった。そのときはそれなりに一生懸命考えてシステムを組んでみたけど、1年、2年とオーディオ経験を積むうちに、ようやく好きな音のイメージが固まってきた。自分が欲しいのは、もっと中域が張り出していて、女性ヴォーカルを艶っぽく生々しく聴かせてくれるサウンドであることがわかってきた。だから今度は、以前より肥えた耳と豊富な知識を総動員して、より自分の好みに合ったスピーカーを選んでみよう……。これも正解ですね。特に、好きな音のコンセプトをはっきり打ち出している点で、新しいスピーカーを選ぶ際にも失敗が少ないと思います。実際には、こうやってグレードアップする人の方が多いでしょう。

グレードアップとは少し方向性が違いますが、現用モデルとは別の傾向のスピーカーで、サブのシステムを組む方法もあります。たとえば、以前はジャズしか聴かなかったので、音がカチッと前に出てくるタイプのアメリカはＪＢＬの４３１２を使っていた。パルプコーンの音がアーシーなジャズにピッタリでとても気に入っているが、最近クラシックも聴き始めたので、音場がもっと豊かに広がる繊細でなめらかな音のスピーカーも欲しい……。そんな場合、私なら英国のＢ＆Ｗをおすすめします。イギリスらしいキメの細かい、ジェントルな音で、クラシックを聴くにはとてもいい。そうなると、ジャズを聴くときはＪＢＬ、クラシックならＢ＆Ｗと、一つのアンプでスピーカーを切り替えて楽しむことができます。これはコンポのグレードアップではありませんが、音楽を聴くスタイル、もっといえば音楽生活そのもののクオリティーアップにつながります。

アンプとCDプレーヤーは、思いきって高級を狙う

前項では、スピーカーのグレードアップの例を紹介しました。そもそも、アンプやCDプレーヤーはそう簡単にはグレードアップの対象になりにくい。故障したのでもなければ、どちらも買い替える必要があまりないからです。そういう意味で、将来グレードアップも視野に入れているなら、新調時はアンプを奮った方がいいでしょう。

とはいえ、スピーカーをグレードアップするまでの2倍くらいの年数が経てば、アンプもそろそろ、グレードアップの対象になります。それくらいの年月が経てば、アンプ技術もかなり進歩しているからです。

いまあなたが、たとえば中級アンプを使っているなら、今度は思いきって、デノンやアキュフェーズ、ラックスマンの高級プリメインアンプを狙ってみてください。高級と中級では、音の構造がまったく違います。アキュフェーズの音はモニター的で、剛性が

高く、音楽を精細かつ端正に構成してくれる。書道でいえば、きっちりした楷書の音です。一方のラックスはそれとは正反対の、豊潤で、ゆったりたゆたうような、まさに蠱惑の音。こちらは草書の音でしょう。

CDプレーヤーについても、同じことがいえますね。CDプレーヤーの中級機を使っている人なら、今度はアキュフェーズやエソテリックに挑戦してみる。ここでもやはり、圧倒的な音のクオリティーに驚かれるでしょう。こうして、コンポをグレードアップすると、単に音が良くなるだけでなく、音楽的な感動まで大きくなります。以前と同じCDを聴いても、より深くまで理解できるようになって、より魂を揺さぶられるのです。コンポをグレードアップしたばかりの人が、「手持ちのCDを全部聴き直したくなった」とよくいいますが、その気持ちは実によくわかりますね。

ソフトのグレードアップ～SACDとDVDオーディオ

グレードアップはコンポーネントというハードの問題だけでなく、ソフト分野でのグレードアップもあります。

ＣＤが登場して25年。音質が大いに改善され、ＣＤはこれからも音楽メディアの王座を守っていくと思いますが、ここ数年、急速に力をつけてきたのがＳＡＣＤです。最近では、ＳＡＣＤとＣＤのハイブリッド盤も数多くリリースされるようになりました。ハイブリッド盤とは、記録層が二層に分かれており、ＣＤプレーヤーで再生すればＣＤが、ＳＡＣＤプレーヤーで再生すればＳＡＣＤが聴けるという便利なメディア。今後は皆さんもＳＡＣＤを聴く機会が増えるのではないでしょうか。

いまはＣＤの音もかなり改良されていますが、基本的に、音の強さと弱さのパラメーターであるダイナミックレンジと、周波数帯域がある範囲で限られているという問題点はそのままです。ＣＤの規格制定時に、人間は高い周波数は２万Hzしか聴けないという定説があり、それにしたがったわけです。ところがその後、人間は確かに耳では２万Hz以上の音は聴けないですが、実は体で感じているという研究も多く発表され、やはり新しいオーディオメディアとしては、広い範囲の音が再生できるものでなければならないということが、だんだんコンセンサスとなってきました。アナログがなぜ人に快感を与えるかは、アナログ処理なら無限に周波数帯域が伸びるという理屈で説明がつきます。

デジタル臭さを払拭したＳＡＣＤ

お聴きになれば一聴瞭然ですが、ＳＡＣＤのメリットは、何といっても音が素晴らしくいいこと。ＣＤも音は良くなってきていますが、どうしてもＰＣＭ方式がもつキャラクターから逃れられません。いかにアナログの音に近づいたとはいえ、アナログと比べればやはりデジタル的で、情報量は多いものの、音が硬くて温度感も低い部分は残っています。そのデジタル臭さを完璧に近いまでに払拭したのがＳＡＣＤです。第３章でも書きましたが、ＳＡＣＤの記録は２８２２・４ｋHz／１ビットのＤＳＤ方式。ノイズを非常に高い周波数帯域に移動させて処理する方式です。信号波形はＰＣＭとはまったく違っていて、信号を粗密の形で伝送するため、再生時に弱いローパスフィルターをかけるだけで簡単にアナログ信号に戻せます。つまり音の構造がほとんどアナログなんですね。だからＳＡＣＤは、デジタルのクリアネスを持ちながら、音がアナログのように自然で、温かい音なのです。

私たちにとっての新世代のオーディオの愉しみは、音楽の魂がより明確に確認できることに尽きます。作曲家が音符に込めた思い、演奏家が音に託したコンセプトが、よりダイレクトに聴く者の心に伝わってきます。ＳＰよりＬＰ、ＬＰよりＣＤ、ＣＤよりＳＡＣＤ……という、メディアの性能の進化がもたらす音質の向上は、確実に音楽の本質によりダイレクトに触れることを可能にしているのですね。

しかし、このことは、すべてが善ではありません。演奏者の力量、音楽性も新世代オーディオは、露骨に再現してしまいます。だから、本物の演奏を味わうにこれほど恰好な、そして忠実度の高いメディアは他にないと思います。

アナログに凝るなら、そのものを聴きましょう。ＣＤがものすごいスピードで勢力を拡大したことで、アナログレコードは完全に葬り去られたかに見えます。しかし、ＣＤではどうしても再現できないものがアナログレコードにはあり、実はそれが音楽の根源の感動に関わる部分であるということで、やはりアナログレコードは不滅の音楽媒体なのです。それは音楽の内在するエネルギー感の再現、音のみずみずしさ、濃厚なハーモニー感覚、高揚感、絶妙なアーティキュレーションの表現……という、まさに音楽を美味しく聴かせる要素が満載であり、良い装置でアナログレコードを聴くと、ゾクゾクするような感動を味わうことができます。

リスニングルームの音質改善法

これまでほとんど語ってきませんでしたが、オーディオにとって、リスリングルームはとても重要な要素です。CDプレーヤー、アンプ、スピーカーと並んで「第4のコンポーネント」といってもいいほどです。なぜならコンポでCDを再生する場合、音楽はその部屋の空間で鳴らされるのであり、部屋の特性がそのまま、再生音に反映されるからです。たとえば、リスニングルームが浴室のように響きの多い部屋（ライブな部屋といいます）だったら、音がウヮンウヮン響いて音楽がまともに聴けません。逆に無響室のように音を吸収する部屋（デッドな部屋といいます）だったら、生気のない沈んだ音になってしまいます。では、どんなリスニングルームだと、いい音がするのでしょうか。

建築学には「音響設計」という分野があり、専門メーカーもあって、専門の設計士やコンサルタントが働いています。彼らはおもに音楽ホールやスタジオの設計・施工を請け負いますが、ときには個人のリスニングルームを担当することもありますね。しかし私の経験からいって、専用に作られたリスニングルームは意外に音が不満足の場合が多いのです。やはり個人で作る場合、空間的にも予算的にも限界があって、音響対策が中途半端になってしまうのかもしれません。

私の考えでは、リスニングルームはごく普通の部屋でいいと思います。実際、これまでにいろいろなお宅を訪問してきましたが、ごく普通の生活空間で鳴っている音の方が、専用リスニングルームの音より意外に良かった場合がありました。最悪なのが、オーディオ機器以外に何も置いていないフローリングの部屋。場合によっては、観葉植物が一鉢とモジリアーニの複製画なんかが掛かっていたりもします。一見しておしゃれで、この部屋で音楽を聴いたらさぞ雰囲気がいいだろうと思わせますが、出てくる音はとても聴けません。定在波とフラッターエコーの影響から、響きが多すぎるのです。

きれいに片づいている部屋ほど音が悪い!?

天井と床、向かい合う壁と壁など、部屋にはいくつかの平行面がありますが、そこで音が発せられると、音はその平行する壁と壁の間を長い時間、バウンドし続け、なかなか減衰しません。すると直接音より間接音の方が多くなってしまいます。これがフラッターエコーで、日光東照宮の鳴き竜でも有名ですが、音楽再生にとっては困った現象。

音がぼやけてしまい、明瞭度が極端に落ちるのです。

また、部屋の高さや縦横比によって、特定の周波数の音がダブってしまうのが定在波。これは、海岸に打ち寄せる波をイメージするとわかりやすいでしょう。沖の方にスピーカーがあり、そこから「音」という波が海岸に向かって打ち寄せてきているとします。波は海岸にぶつかり、引き波となって沖へと戻っていく。ところが、海岸の形状によって引き波の大きさも速さもまちまちなため、打ち消し合って消えてしまう波もあれば、波と波が合わさって高波になることもある。室内の音も、それと同じ現象を起こします。ある周波数の音が小さくなったり、別の周波数の音だけ大きくなったり。この状態では当然、音楽が異様な音で鳴ることになります。前述の〝おしゃれな部屋〟は、波を途中で吸収するものが何もないので、定在波とフラッターエコーを同時に発生させています。つまり、きれいに片づいている部屋ほど、音が悪いわけです。

そこで私がおすすめするのは、リスニングルームを適当に散らかしておくこと。特に対向する壁を平行のままにしておくのではなく、本棚を置いたり、タペストリーを飾ったり、置物を置いたりして、ランダムに凸凹を作ってあげるといいでしょう。音の拡散と吸収を行うため、ソファーやテーブルも普通に置いてください。その目安としては会話が明瞭であることです。声が反射し過ぎて、キンキンすることなく自然に響き、こもらずに、クリアに聞き取れるというのが望ましい条件です。人と人が普通に喋って普通に聞こえる部屋であれば、音楽も強調感なく、普通に聴けるはずです。

部屋によっては、低音だけライブになっているおそれもあります。チェックする方法としては、男性が普通に喋ったとき、低域だけ太くふくらんで聞こえるかどうか。もし野太く聞こえれば、それは胴間声といって、低音だけ強調されている証拠。その場合はカーペットや布団など低音を吸収するものをくるくる巻いて、部屋のコーナーに置くと改善される場合もあります。

グレードアップの最終形～ハイエンドシステム

これまで、グレードアップについていろいろ書いてきましたが、その行き着く先は、システムをすべてハイエンドコンポで構成することでしょう。日本が誇るハイエンドといえば、アンプではアキュフェーズとラックスマン、CDプレーヤーではエソテリック。

海外のハイエンドで有名なのは、アンプでは米国のMcINTOSH、MARK LEVINSON。スピーカーでは米国のJBL、Westlake、英国のTANNOY、B&W、LINN、KEF、独国のALR/JOADAN、ELAC、デンマークのDALI、イタリアのSonus faberなどなど。

音のクオリティーはどれも水準をはるかに超えていますが、ハイエンドになればなるほど、音はそれぞれが個性的で、かつ魅力的。そのメーカーでなければ、出せない音があります。それだけに、後はリスナーが個人としてどんな個性を持っているか。お互い引きつけ合う場合もあれば、反発し合う場合もある。その辺が趣味のオーディオの、究極のおもしろさでしょう。まさにグレードアップの最終形です。

高級品は「優れて文化的な存在」である

では、ここからはハイエンド機器の持つ魅力について触れてみましょう。素晴らしい音楽を再生するオーディオの高級機器には、他を睥睨する圧倒的な存在感があります。それは本物だけが持つ、神秘的なオーラといってもいいでしょう。オーディオを志したからには、そんな神々しい高級品を、ぜひいつかは我がものにして、リスニングルームの中核に据えたいですね。

高級品が成り立つ条件とは何でしょうか。高級品は得てして高価格ですが、単に価格が高いだけのものは、「高価格品」であって、それだけでは「高級品」とはいえません。私は、その製品が「高級品」を名乗れるには、三つの条件があると思っています。

第一の条件は「優れて文化的な存在であるか」どうか。つまり固有の文化を背負っているか――です。オーディオ機器は音楽や再生する道具です。道具であるなら、そこに込められた作り手の思いがあるはずです。さらにはその民族、国民性も道具のしつらえに反映しているに違いありません。高級品の愉しみの一つは、そんな民族的な、もしくは作り手のメッセージを読み、感じ、味わうことにあります。高級品であるならば、その製品がつくられた国の文化、作られた会社の文化、つくられた時代の文化が必ず反映されています。技術や音づくり、デザインといったトータルなものづくりのプロセスは、文化なしには成り立たないからです。

たとえば真空管の時代には、その性能を最大限に発揮し、素晴らしい音楽を聞かせてくれるアンプがたくさんありました。多くはアメリカのメーカーの製品でした。当時のアメリカの強大なる国力が、高性能な真空管をつくり、それを使って高音質なアンプを作り、音楽を感動的に再生する……というトータルな社会的、文化的、そして産業的な連関があったのですね。その申し子がマランツ、マッキントッシュなどの名機でした。

現代の名ブランドといえばスコットランドのＬＩＮＮです。技術的な水準の高さと同時に、高い音楽性が涵養されるのがＬＩＮＮ製品の特質であり、それは今日まで成長してきた過程の中に、秘密があります。ＬＩＮＮは現在ではレコードプレーヤー、カートリッジから、ＣＤプレーヤーやアンプ、スピーカーなどトータルなオーディオメーカーとして、すべての分野で非常に評価が高いブランドです。

その原点は34年前の創業時のレコードプレーヤー、ＬＰ-12にあります。音楽情報が封印されているレコードから、いかに多くの情報を引き出すかを徹底的に突き詰めて開発されたものです。ここで開発のポイントは、エンジニアリングと音楽性です。ＬＩＮＮが本拠を置くグラスゴーは、産業革命で重要な役割を果たした土地柄。その時代から脈々と伝えられている技術の伝統が、初陣のレコードプレーヤーに優れたエンジニアリングを与えました。具体的に言うと鋳造技術の力です。その技術をレコードから最大の音楽情報を引き出すことに、縦横に活用したのです。LP‐12は、今でも現役の製品です。高級品には必ずその文化が透けて見えます。われわれをして感動させるハイクラスな音の背後には、そんな文化的、歴史的、社会的な背景があるのです。

作り手のこだわりがユーザーの魂を揺さぶる

「高級品」を名乗れる第二の条件が、「作り手の顔が見えるか」です。作者が音にこだわって製品を作っているかどうか。心を込めてものを作っているかどうか。この音楽はこう聴けなければならないという確固たる信念を持って、事に当たっているか。その信念を曲げることなく、実現するために素材を吟味し、レイアウトを吟味し、配線を吟味し、様々な技術的側面をクリアし、自らの立てた目標を実現させる……。それはとても人間的な所作です。そんなこだわりの心がユーザーの魂を揺さぶるのです。作り手には自分の信じた音をユーザーに届ける喜びがあります。ユーザーは、作者の音楽的な切り口を味わう愉しみがあります。

「結局、時間のかけ方ではないですか。高級品の存在価値って……」と、我が国で最高のCDプレーヤーをつくるエソテリックの経営者は、私にこう言いました。「いかに開発に長い時間をかけられるか。音質のチューニングをいかにとことんまでやれるか、それこそが勝負だと思いますね。時間をかけられないと、途中で妥協し、ナチュラルさから意識的に離れ、メイクアップをしがちになります。でも、それじゃ決して本物の音にはなりません」。

こんなこだわりを長い間保ち続け、良い仕事を積み重ねると、ブランドが確固たるイメージを持つようになります。先に列挙した世界のオーディオ界で尊敬されているブランドは、一朝一夕にイメージが高まったわけではなく、良心的なそして音楽的なものづくりを何代も重ねて、評価を高めてきたのです。単にそのブランドのマークがついてるから価値があるのではなく、マークを支える人たち、ものたちの何十年にもわたる音作りの努力があるからこそのブランドなのです。そんなブランドの価値を正しく認識して、醸し出す音の中にある独特な切り口を味わうのが、高級品オーディオの愉しみです。

音楽を聴くための道具として操作性の魅力も重要

第三の条件はビジュアルやデザイン、操作性の魅力です。デザインは思想の表現であり、「形の思想性」こそが高級品と呼ばれる重要な条件になります。ユーザーの観点からすると、製品の持つ思想を色濃く感じるのは、まずは外形から来る強烈な印象です。形がなぜ重要なのかというと、音楽を聴くための道具として、操作性という概念が絡んでくるからです。音楽を聴くにあたり、電源スイッチを入れて、入力を切り替え、適切な位置にボリュームに回して……という一連の儀式的な動作をストレスなくスムーズに行えるか。実際に触ったときの感触も大切ですね。つまみの切り替えのときの手に感じる抵抗や、ボリュームをまわしたときに、それに追随して音楽が大きくなったり小さくなったりするリニアな感覚はどうか。筐体の素材も重要な要素になります。表面がメッキなのか、無垢の金属なのか、押し出しによる成型なのかというのを、実は離れて見ても人は感じてしまいます。そこで本物の素材を使っているか、その素材が音にいい影響を与えているかということも重要な要素になります。音楽に対する尊敬に満ちあふれている機器たちが奏でる世界、それがハイエンドオーディオの世界と言えるでしょう。

私を身震いさせたスピーカーの王者

では具体的に、最近私が感動したハイエンド製品をいくつか紹介しましょう。まずは入門システムとして、ハイエンドの香りがするシステム・コンポーネントが、エソテリックのSACDプレーヤーSA-10、デジタル・プリメインアンプAI-10、そして同ブランド初となるスピーカーシステムMG-10の組み合わせです。エソテリックは、特にCDプレーヤーにて、圧倒的な高音質が定評のあるハイエンドメーカーです。同ブランドの創立20周年記念モデルとして開発したのが、この3モデル。世界で初めてマグネシウム振動板を全帯域にわたり採用したスピーカーから発せられる音は素晴らしい。音速がきわめて速いので、音にまったくといっていいほどストレスがなく、自発的にヴィヴッドに音楽が奏されます。実に鮮明でしなやかです。この組み合わせは、ハイエンドの香りを愉しく体験できますね。

ハイエンド中のハイエンドといえばJBLの「プロジェクト・エベレストDD66000」です。「プロジェクト」とは、JBLにおいては、最高の技術力とこだわりでつくられるリファレンスモデルのことをいいます。同社の資料には「オーディオのテクノロジーと科学技術を最高度に発揮し、マテリアルとエンジニアリングの革新を牽引する開発」とあります。

　これまでプロジェクト製品は、ＪＢＬにおいて特別なステイタスを持つのみならず、広く世界のオーディオ業界に大きな影響を与えてきましました。ＤＤ６６０００は、そのシリーズの第四弾に当たる、創立60周年を記念したアニバーサリー製品です。

　評論家としての長いスピーカー試聴の歴史の中で、私に身震いさせた製品が二つあります。ひとつが、私の常用スピーカーの三代目のプロジェクト製品である、Ｋ２・Ｓ９５００です。購入したのは１９９１年なので、もう16年も前の話です。初めて聴いた時、度肝を抜かれました。音が、波面を描きながら音場空間に濃密に広がっていく様が、目で見えたからです。音の立上がりのピークが鋭く、音の小波大波がリアルな振幅をともなって、部屋の空気を振動させる様子が衝撃的でした、クラシック音楽からポップス、シャズまで、ソースに合わせ、その世界を深く耕し、深く聴かせる類い希なる表現力に私は、惚れ込んだのです。その思いと印象は、16年経ったいまでもまったく変わっていありません。

そして二番目の身震いとなったのが、そう、K2・S9500の次の世代のプロジェクトにあたるDD66000です。今回のプロジェクトは、衝撃の内容が違いました。それは「音楽再現の深さ」に、です。JBL本社の試聴室で、このスピーカーの開発者のグレッグ・ティンバース氏と共に、カルロス・クライバーとバイエルン国立歌劇場のJ・シュトラウスのオペレッタ「こうもり」を聴き、感情表現の深さ、細部に至るまで実に丁寧にそして実に音楽的に聴かせてくれる語り口に、私は驚嘆しました。

このコンビの「こうもり」は、これまでライブでも聴いたし、CDも何度も聴いています。しかしDD66000ほど、クライバーらしい凄い躍動感と快速的な進行感、そして深い感情の発露の様子が、眼前の音場に聴けた例は他に、ありませんでした。序曲冒頭のシャンパンのコルク飛び三連符が、はちきれんばかりの溌剌さと弾力感で奏され、空気の流れが圧倒的に、速い。中間のワルツ部のウィーン・フィルらしい色香と表情のチャームも素晴らしいです。特に弦の内声部で形成される和声の構成音が明確に聞き分けられ、しかも、音楽的に実にきれいな和声感であること、音色の種類の多いこと……。

技術的には全帯域にわたり歪みが驚異的に少ないことが、十分に余裕のあるヘッドルームを形成し、包容感と余裕のある音を聴かせ、同時に透明でハイスピードな音進行を支えているとわかります。あまりに歪みが少なく、音の出方、進行がナチュラルなので、このスピーカーから物理的に音が出ているという感覚がありません。目を閉じて聴くと、スピーカーからではなく空間のあるべき位置から音が発せられていると感じ、さらにはクライバーの軽妙躍動の指揮姿もビジュアルとして眼前に浮かび上がってきます。そんな現場感再現力と音楽演出力に大いに感嘆したのでした。

このスピーカーは、ある意味で非常にＪＢＬらしいと言えます。それは高い解像力、音調の明晰さというキーワードです。しかし、別の意味では、実にＪＢＬらしくありません。それは、圧倒的に細やかな繊細表現力、グラテーションの凋密さ、しっとりとした表情……といった側面です。二つの違う価値が統合された品位の高い音の魅力は絶大です。まさに「スピーカーの王者」以外の形容はできないでしょう。

ソニーが生んだ豊饒なるスピーカー

国産メーカーの製品ではソニーの高級スピーカー、ＳＳ‐ＡＲ１に感動しました。このスピーカーの登場は、私にとって驚き以外の何者でもありませんでした。それは、これほどの音楽性を聴かせるスピーカーが国産メーカーの作であること、さらにこの音とは非常に縁遠いメーカーから登場したことです。

まず音の素晴らしさを述べると、実に密度感が高く、落ち着いた音調を持つ、響きの美しいスピーカーです。音の輪郭をまったくと言っていいほど強調せず、ナチュラルで生成がシャープネスにして、その中身の密度を非常に濃くしているのですね。感覚的に言うと、練りに練られ、微細なサイズになった音の粒子が互いに凋密に絡み合っている印象です。しかも、絡まり方が整然とし、音の表面に無駄な凹凸がなく、滑らかに、すべらかに音が流れていきます。音色には何の虚飾も、人工的な脚色もなく、ナチュラルそのもの。しっとりとした質感で、音楽にウェットな表情があり、しなやかさ、潤いが耳に優しい。

私はオーディオ機器の音の評価を、時間的な水平軸と、周波数特性的な垂直軸の二つのディメンジョンで分析していますが、このスピーカーは水平軸のスピード感／テンポ感と垂直軸の低域から高域までのレンジ感の関係において、二次元的な調速が確保されていると分析できます。そのことがハーモニー感に優れ、安定した音楽描写を支えています。

さて、このスピーカープロパーとしての音質の優秀さという話題もさることながら、この豊饒なる音楽的な音を奏でるスピーカーが、ソニーというメーカーから登場したことにも驚きました。ソニーはかつてはオーディオの大手メーカーでしたが、いまはそのイメージは薄いですね。

ではソニーがどうして、こんな立派なスピーカーがつくれたのでしょう。設計者にお話しを伺うことができましたが、彼は「生理的に気持ち良く音楽が楽しめることを最重点にし、鑑賞用のスピーカーとして開発しましました。音色を忠実に再現すること、3D的な空間をきれいに再現することです。きれいな空間を用意して、そこに楽器、歌声を適度なエッジ感で、気持ちよく配置するのが理想だと思いました」と、言いました。

このコメントで特に注目されるのは「鑑賞用」「きれいな空間」「適度なエッジ感」という言葉です。確かに、私はこのスピーカーから美しい空間感を、そして、バランスの良い鮮鋭感を感じて、音楽を愉しく鑑賞することができます。それは開発者の目指した境地ということです。

「かつてプリンター開発の技術者がこう言っていました。晴れわたる青空を印刷する際に、実際の色合いで印刷すると、人はリアリティを感じないから、人の記憶に頼った色に設定すると、鮮やかな青空だと感じる、と。音づくりでも〝記憶音〟の再現を目指しましました。オーボエをスピーカーの横で演奏して、それとまったく同じように再生されるようにはしませんでした。コンサートホールに一歩足を踏み入れた瞬間の、あのホール感。タクトを振り下ろす瞬間の息を呑む静けさ。大音響のトゥティ、鳴り止まぬ拍手。そんな、私にとって心地の良いサウンド、ホールで体験できる音楽、感覚を家庭で再現することを目指してつくりました」

いうまでもないことですが、ソニーというメーカーがスピーカーを作ったのではなく、ひとりの優れたスピーカー技術者の「私にとって心地の良いサウンド」を実現しようという挑戦と努力の結実がＳＳ-ＡＲ１なのです。自分が欲しい音を実現したい……そのパッションこそが、この音楽的な音の原点だったのですね。

第7章　おじさんのためのｉＰｏｄ入門

ｉＰｏｄを聴いてみよう

街を歩いていても電車に乗っても、生活のあらゆる場面で、イヤフォン（実はインナーイヤー型ヘッドフォン）をつけた若者を目にします。彼らは一日中、いつも音楽とともに動いているように見えます。聴いているのは、ｉＰｏｄをはじめとするデジタルオーディオプレーヤー。携帯電話よりさらに二回りも小さな筐体で、最大2万曲ぐらいまで保存することが可能。いままさに世界を席巻している、小さなオーディオ機器です。

そもそも〝屋外音楽鑑賞〟というカルチャーは、ソニーのウォークマンによってもたらされました。カセットテープの音楽をヘッドフォンで聴く、いわゆるヘッドフォンステレオとして考案され、最初は社内でも「こんなもの売れるのか？」と疑問視されましたが、１９７９年に発売したところ、瞬く間に世界中で大ヒット。若者を中心に、いつでもどこでも音楽を聴くというスタイルが確立されることになります。オーディオは昔から人の生活と深く関わってきましたが、ウォークマンの登場は、人のライフスタイルを変えたという点で、社会的にも文化的にも画期的な出来事でしたね。それまで音楽鑑賞といえば、あくまで屋内に限定された行為でした。ステレオの前に自分から行かなければ、音楽を聴くことができなかった。その常識を完全に打破して、「好きな音楽は自分で持ち歩けばいいんだ」と、私たちに教えてくれたのがウォークマンだったのです。

その後、時代はデジタルへと移行し、今日のデジタルミュージックプレーヤーの隆盛を見るわけですが、実はアップルのｉＰｏｄを現在の市場に引きずり出したのは、92年にソニーが開発したＭＤでした。というのも、このＭＤ（ミニディスク）の出現で、デジタルオーディオが大きく様変わりしたからです。

それまでに存在したデジタルメディアは、ＣＤにしろ、ＤＡＴ（デジタルオーディオテープレコーダー）にしろ基本的にリニアＰＣＭと呼ばれる非圧縮のメディアでした。音楽をデジタル信号に変換して記録するものの、信号自体を圧縮することはなかったのです。ところが、ＣＤよりさらに小型（直径64㎜）で、しかもＣＤと同等の録音時間（74分）を確保したかったソニーは、デジタル信号を圧縮するという発想をした。それもただ圧縮するのではなく、音の劣化をできるだけ感知させないよう、人の耳に聞こえない情報のみ選んで圧縮するという技術を開発したんですね。その延長線上に、パソコンと連携したｉＰｏｄが登場したということになります。

さて、いまｉＰｏｄに代表されるデジタルオーディオプレーヤーは、どうしても若者の専有物と思われがちですが、全然、そんなことはありません。実は、私もｉＰｏｄを愛用しているひとり。上手に使いこなせばいい音で聴けるし、いつでもどこでも好きな音楽が愉しめれば、生活が本当に豊かになります。そこでオーディオ再入門者層の皆さんにも、ｉＰｏｄで音楽の感動を手軽に持ち歩いてみませんか？と提案したいのです。

ｉＰｏｄでいい音を聴くために～圧縮はロスレス以上で

ｉＰｏｄでいい音を聴くためには、実はふたつのポイントがあります。第一に、ＣＤを取り込むときの圧縮率に気を配ること。第二にヘッドフォンを吟味すること。

まず、圧縮率について。現在、デジタル圧縮にはさまざまな方式が使われていますが、一般的にもっとも普及しているのはMP3（MPEG-1 Audio Layer-3）です。音楽信号を元のデータの10分の1以上圧縮することができ、パソコンやインターネット上のさまざまなアプリケーションに使われていますね。iPod以前のデジタルオーディオプレーヤーはほとんどがMP3でした。MP3の音は、気にしなければそこそこ聴けるものの、音楽を鑑賞するにはちょっと厳しいものがあります。一方、iPodが採用したのは、AAC（Advanced Audio Coding）と呼ばれる先進の圧縮技術。日本のデジタル放送に採用されたのを皮切りに、携帯電話の音楽配信やマイクロソフトのデジタルオーディオプレーヤー・Zuneなど、さまざまな分野で使われるようになりました。

さて、iPodを使うには、パソコンが必要になります。ウィンドウズでもMacでも、アップルが提供しているiTunesという音楽マネジメントソフトウェアを使います。このソフトでCDから音楽をパソコンに圧縮して取り込み、データベース化し、編集して、USB経由でiPodのハードディスクに転送・保存するのです。

ここで注意しなければならないのは、CDから音楽をパソコンに取り込むとき。うっかりしていると、初期設定値（「デフォルト」とよく呼ばれます）の「AAC128kbps」で取り込まれてしまうことです。128kbpsというと、CDのビットレートと比較して、約12分の1の圧縮率。デジタル圧縮が始まった当初は、10分の1の圧縮でもかなり音質が劣化していましたが、圧縮技術の進歩で、このAAC128kbpsなら、そこそこな音で聴けるようになりました。

しかし、非圧縮のCDと圧縮のAACでは、やはり音がまったく違います。まず第一に周波数特性が違う。CDの高域が20kHzまで伸びているのに対して、AACは16kHzまで。聴感上、大きく異なるのはダイナミックレンジ（Dレンジ）です。AACのDレンジはCDよりかなり狭い。もともとDレンジが広くないポップス系の音源なら、そこそこ満足できるでしょう。しかしクラシックのように、極小音から極大音まで入っているソースには対応しきれません。寸詰まりで、音が気持ちよく伸びていかないのです。

知っておきたいデジタル圧縮の基礎知識

一口にデジタル圧縮といっても、情報量圧縮とデータ圧縮の二つの分野があります。

情報量圧縮は、ソースに含まれる情報を間引いて圧縮すること。たとえば３ｋHz付近に大きな音があって、３・３ｋHz付近の小さな音と同時に鳴っていた場合、人間の耳には大きな音しか聞こえませんから、小さな音の方はカットするというやり方で、音の情報量自体を減少させます。ところが、人の耳に聞こえないといっても、３・３ｋHzの音は音楽全体に何らかの影響を与えていたはず。それは雰囲気感であり、倍音成分であったかもしれない。だからその音を取り去ってしまうと、もはや元の音楽ではなくなってしまいます。その意味で、情報量圧縮はロッシー圧縮（lossy＝ロスのある圧縮）とも、非可逆圧縮（元に戻せない圧縮）とも呼ばれています。ロッシー圧縮では、編成が小さくなったり、響きが金属調になったり、音の芯がヤワになり、音の構造が空洞のような空虚な響きになり、硬く、ほぐれないという音です。

対するデータ圧縮は、ソースに含まれる情報には手を触れずに、データ全体を圧縮する方式。パソコンで使われるＺｉｐやＬＨＡなどの各種圧縮ソフトも、すべてデータ圧縮です。１ビットの欠落もなくデータを復元できるため、ロスレス圧縮（lossless＝ロスのない圧縮）とも、可逆圧縮（元に戻せる圧縮）とも呼ばれています。圧縮率は約２

分の1程度です。この圧縮方法は現在さまざまな分野で応用されていて、たとえば前章で述べたSACDやDVDオーディオのマルチチャンネル録音も、このロスレス圧縮によるもの。また、最近本格的に動き出した、ブロードバンドの高音質音楽配信も、従来のロッシーなMP3ではなく、ロスレス圧縮方式が使われています。

話をiPodに戻しましょう。iPodの管理ソフトであるiTunesでは、CDから音楽をパソコンに取り込む際、実はどんな方法で圧縮するかを選択できます。ウィンドウズの場合、画面左上の「編集」から「設定」の項目を選び、その中の「詳細」から「インポート」を選ぶと、圧縮モードの選択画面になります。ここで皆さんにおすすめしたいのが、「appleロスレス」、「WAV44・1kHz」、「WAV48kHz」のいずれかのモードです。これがiPodでいい音を聴くための絶対条件です。

音は、非圧縮の「WAV48kHz」が一番いいですが、いちおうここでは「appleロスレス」以上の3方式を推薦しておきます。実際聴き比べてみると、ロッシー圧縮のAACとは音の生命感がまるで違うことに気づかれるはずです。ロスレスでは、しなやかで、シルクの肌触りです。ステレオ音場において音像が明確に立ち、場の雰囲気、臨場感も愉しく感じられます。何より音楽にヴィヴッドな勢いがあります。ｉＰｏｄは中域を強調した音づくりをしているので、よけいに元気なのですね。もちろん、一度圧縮・復元の工程を経ているだけに、ＣＤそのものの音質というわけにはいきませんが。

私はいま、容量30ＧＢのｉＰｏｄを使っていますが、読者の皆さんにも、このくらいの容量のものをおすすめしたいですね。圧縮率が約二分の一のロスレス圧縮でも、ＣＤで約40枚分を保存できます。短い曲数に換算すれば５００曲くらいでしょうか。ＡＡＣ１２８ｋｂｐｓで圧縮すれば７５００曲入りますが、私はそんなに曲数はいりません。たくさんの曲を保存する方がいいのか、いい音で曲を聴く方がいいのか。私の答えは、もちろん後者。曲数がどんなに多くても、音が悪ければ聴きたくなくなります。そもそも音楽はより良い音で聴かれてこそ本望なのです。はっきり言ってロッシー圧縮で聴くのは、文字通り人生の損失です。

私の場合、ＣＤを丸ごと1枚ｉＰｏｄに入れることはありません。好きな曲は1枚の中でもほんの数曲ですから、本当に聴きたい曲だけをｉＰｏｄに入れておきます。これがｉＰｏｄを高音質で楽しむ秘訣でしょう。

ヘッドフォンを替えるだけでいい音に

ｉＰｏｄでいい音を聴くためのポイントその2は、ヘッドフォンを替えてみること。ｉＰｏｄ付属のものから市販の製品に替えるだけで、音はすごく良くなります。第6章で述べたとおり、付属品は結局、付属品にすぎません。ＣＤプレーヤーに同梱されているＲＣＡケーブルしかり、スピーカー同梱されているスピーカーケーブルしかり。ｉＰｏｄ付属のヘッドフォンにしても、これを使えばとりあえず標準的な性能が出るというものであって、そのレベル以上のものではないのです。自分に合ったヘッドフォンを選ぶために、まず一定期間は付属のヘッドフォンで音を聴いてみて、自分の音の好みがはっきりしてきたら、良いヘッドフォンを手に入れることを検討してみましょう。

私の経験からいうと、ｉＰｏｄで使うヘッドフォンは、保存した音楽の圧縮率から決めた方がいいように思います。たとえば、ＡＡＣ１２８ｋｂｐｓなどロッシーな圧縮を行っていた場合、音楽の情報量は元の音源に比べてどうしても欠落していますから、聴感的に情報量を補ってくれるようなヘッドフォンを選ぶべきでしょう。すべての音を出す方向で、音をくっきりと明瞭に演出してくれるヘッドフォンであれば、情報の少し欠落した音楽でも、それなりのバランスで聴くことができます。

一方、取り込んだ音楽データがロスレス圧縮やリニアPCMで、もともとの情報量が多く、音楽のエネルギー感もしっかり入っているような場合には、逆にモニター的なヘッドフォンでは情報量過多になって、聴き疲れする音になってしまいます。そんな場合には、音をやさしく聴かせてくれるヘッドフォンの方が、音楽を気持ちよく楽しめるのではないでしょうか。

いずれにしても、ヘッドフォンの購入はかならず試聴してから——です。スピーカーの試聴と違って、ヘッドフォンの試聴は簡単です。大きめの販売店に行って、自分のプレーヤーに、試聴用に並んでいるものを次々に装着してみればいいのですから。試聴するときは低音・中音・高音それぞれがバランスよく聞こえ、芯がしっかりした音に聞こえるかどうかに注意してみましょう。音の芯がふわふわして弱いものは避けるべきですね。注意したいのは、ヘッドフォンはスピーカーと違って、耳の直近で聴くものだということ。長時間聴いても耳が疲れないよう、キャラクターとしては自然なものを選んだ方が無難です。そのうえで、自分の好みに合った音質のものを見つけてください。

タイプとしては、耳全体を覆う密閉型、オープンエアー型、耳に引っかける耳かけ型、イヤフォンともいわれるインナーイヤー型、密閉式インナーイヤー型のカナル型など、いろいろあります。密閉型は音にこだわって作られているものが多いですが、外の音が聞こえづらいという難点がありますので、外の音も楽しみつつ開放感を感じながら音を聴きたい場合は、オープンエア型のほうがいいでしょう。屋外で使う場合、大型のものはハンドリングがむずかしくなります。また、どんなに音が気に入っても、耳にしっくり馴染まないものはパスすること。耳掛け式の場合、自分の耳にフィットしてずり落ちず、あまり重くないものを選びましょう。またヘッドバンドが髪の毛に密着するタイプの場合は、髪型に合うかどうかも重要なポイントです。ヘッドフォン選びでは、装着感もすごく重要な要素ですから。

聴き方に応じてヘッドフォン選びを

私が気に入って、日常的に使っているヘッドフォンをご紹介しましょう。一つがAKGのインナーイヤータイプのK・14P。オーストリアのAKGは、録音用のモニター・

ヘッドフォン分野では他の追随を許さない専門メーカーです。ひとことで言ってウエルバランスな音です。剛性感が高いわりに間接音の響きが良く、やさしくてしなやかな音がします。音楽をあまり批評的に聴くのではなく、全体の雰囲気を愉しみたいときにはこちらを使っています。

その対極として、非常に解像力が高く、クリアで透明度の高いサウンドは、オーディオ・テクニカのインナーイヤー、ATH-EC700TIです。この音は、ヘッドフォン離れしていますね。というより、まるで高級なモニタースピーカーで聴いているような錯覚を覚えるほど。ヘッドフォンでこれほどの透明で、緻密な音は珍しい。音の粒子が細かく、音に芯があり、輪郭の切れ味も十分にシャープで、質感が高い。強磁力なネオジウムマグネットと薄い振動板のおかげで、これほど軽快で、透明なサウンドが出せるのです。私はしゃきっとした音が聴きたいときには、これを使います。このヘッドフォンの音の良さの一つは、ユニットが耳穴に正対して入ることからきています。普通のインナー・ヘッドフォンでは、斜めに装着される場合が意外に多い。すると、周波数特性が乱れてしまいます。ところがこれは、耳の形に添う半円形のイヤーハンガーがあり、これを耳に掛けると、必ず正しい方向で装着できるのです。イヤーハンガーが方向を矯正するから、高音質をいつでも享受できるのです。

ソニーの密閉型ヘッドフォン、ＭＤＲ－ＥＸ90ＳＬも素晴らしいです。聴感上の周波数特性がきわめて広く、低音から高音までレスポンスが俊敏で、微小な信号の変化にも丁寧に反応してくれます。これほどすっきりと高域が伸びるヘッドフォン、それもこんなに小さな形のものは珍しいです。帯域を伸ばすと、今度は往々にして中域が薄くなりがちなのですが、このヘッドフォンは、ヴォーカルなどに大切な中域の剛性が高く、実にしっかりとしているのですね。

ここまで音質が良いと、オーディオ的な用語も躊躇なく動員したくなります。それが「粒だちが細かい」という言い方です。単に解像力が高く、音のディテールまで明確に聴けるというだけでなく、音を構成する最小単位の粒子（このへんは優れて聴感上での感覚の話）が非常に細かく、その飛翔が音にヴィヴッドさと質感を与えています。蕎麦粉が名人の手にかかると、適度な弾力を持った手打ち蕎麦に変わっていくように、まさに「練りに練られた音」という形容が与えられます。直径13・5㎜という、インナーイヤー型としては非常識なほど大口径なユニットを搭載して低域の再現性を上げたり、ユニット周辺の密閉度も前後にガスケットを設け、超音波溶着による部品接合を施したりなどの工夫をしているのが効いたのでしょう。

消音型ヘッドフォンという選択

最近では周囲の雑音を消して、再生する音だけを明瞭に聴くことができる消音ヘッドフォンというものがあります。ただ単純に音楽を聴くだけでなく、飛行機に乗っている時に周囲の騒音を消すということを目的とする方もいますね。

原理は、逆位相処理です。音は波形を持つ。時間の流れに従って、ある波の形を描いていきますが、ここで逆のパターンの波形と合成すると、ちょうどプラスとマイナスが足され、合計のレベルは「ゼロ」に近くまでなります。その音響原則をノイズキャンセルに応用したのです。マイクで周りの騒音をキャッチ。その信号がＣＰＵに送られ、逆位相処理された波形信号で外からの騒音波形をうち消すのです。

消音ヘッドフォンの場合も、他のヘッドフォンと同じように、まず消音機能を使わない場合の音質をチェックしましょう。良いのは音のバランスが良く、気持ちよく伸びる音です。消音効果は音を聴いている時の効果と、音を聴いていない時の効果の2パターンがありますので、両方のパターンで試聴してみましょう。

先日、各社の消音ヘッドフォンをテストする機会がありました。消音OFFで音楽を聴いた場合、消音ONで音楽を聴いた場合、消音ONで音楽を聴かなかった場合の三つのケースに分けて試聴しましたが、結論からいえば、ある価格以上のものでなければ消音ヘッドフォンとしての価値がないように思いました。価格の低いものは、音質そのものが良くなかったり、消音機能をONしたときの音質が悪くなったり、消音機能の効果が薄かったり。目安として、2万円以上であれば満足のいく性能が得られると思います。

消音ヘッドフォンで注意しなければならないのは、マスキング効果を用いたヘッドフォンです。格安な製品でよく見かけるのですが、実際は外の音を消しておらず、音を大きく聞かせ、マスキング効果で、外の音を聞こえにくくするというものです。消音効果にこだわるなら、アクティブに音を消すタイプを選びましょう。

私の推薦モデルですが、まずAKGの「ノイズキャンセリングヘッドフォン K28N

C」です。これは音のクリアさ、厚み、スピードなど基本的な音がオーディオ的な観点で聴くと抜群に良いものです。肝心の消音効果も優れており、変にノイズを除去したような感じもないので、自然です。

BOSE「Quiet Comfort 3」もいいですね。消音ヘッドフォンの代表製品として大ヒットした前シリーズ「Quiet Comfort 2」より軽く小さくなり、また前製品は密着型でしたが、オープンエアー型のものになりました。「消音ヘッドフォンといえばBOSE」と言われるぐらい消音効果が高く、音質もBOSEならではのしっかりとしたツヤのある音を聴くことができます。

日本メーカーが目指している高音質化

さて、デジタルオーディオプレーヤーの市場を見ると、依然iPodの独走が続いています。しかし最近では、ソニー、東芝のギガビート、ケンウッド、ビクターといった〝iPod包囲軍〟の健闘も目につきますね。特に日本のメーカー各社が「高音質」を標榜しているのは、オーディオファンからすれば、なかなか興味深い現象です。

東芝はギガビートという携帯プレーヤーで、H2C技術を導入しています。H2Cは、九州工業大学のヒューマンライフIT開発センターが開発した欠落部補償技術です。高域high-freaquency、倍音harmonics、補償compensateの頭文字を取ったものです。

デジタル・オーディオでは、サンプリング定理にて必ずある周波数を境に高域はカットされます。しかし、人の耳は自然の音を聴く場合、超音波領域まで耳で聞き、体で体感しているのですね。そもそも非圧縮で音が良いといわれているCDでさえ、サンプリング定理により20kHz以上が完全に無い。ましてや圧縮されたMP3などは16kHz以上の音を無くしているのですね。いかに音質に悪影響を与えているか計り知れません。いや、知れないのではなく、日常的にその音の貧弱さは誰でも意識、無意識に体感してるのだけれど、大量の曲がハードディスクに収録でき、頭出しも早い、しかもコンパクト……というメリットと勘案して、まあよいということになっているのですね。

H2Cは、そんな風潮に真っ向から挑みました。欠けている16kHz以上の高域をつくり出すのです。簡単に言うと、低域から中域に遷移する周波数特性の傾きを16kHz以上に伸ばすのです。似たような発想にて高域を補償するというアイデアは、実は過去のC

Dプレーヤーにもあり、オーディオ・メーカーは20kHzで高域が切れるというCDの問題に再生系で対処していた歴史があります。圧縮オーディオでも同様の工夫は複数のメーカーから提案されていますが、H2Cは中でも聴感上で、とても効果的なものです。音の良いヘッドフォンやパワードスピーカーなら、誰でも容易に違いが確認できます。

使用前と使用後の違いは、まず質感が上がる感覚。これほどの高域になると、聴感ではあまり知覚されないものですが、しかし、この技術で伸ばした帯域のエネルギー量が多く、音がすっきりと伸びた実体的な感じが得られます。しかも、それが中低域に良い影響を与え、低い音域のボディ感や、艶といった質感が感じられるようになります。もちろん、圧縮の影響が無くなるわけではなく、改良というところですが、現実に異なるサウンドに変わるのです。

シャッフルで聴けば、iPodはさらに愉しい

私が日頃iPodをどのように愉しんでいるのか、最後にちょっとだけご紹介しておきましょう。皆さんのご参考にしていただければ幸いです。

それは「シャッフルの醍醐味」。シャッフルといっても、iPodシリーズの機種名(「iPod shuffle」)ではありません。iPodのプレイモードにおける「シャッフル」です。これは、次にどの曲を聴くか自分で指定するのではなく、保存してある曲の中からiPod側がランダムに選んで次々に再生してくれるモード。ここで、私がどんな曲を保存しておいたか、思い出してください。そう、CDを丸ごと入れるのではなく、好きな曲だけピックアップして入れていましたね。するとどうなるか?

たとえば、ベートーヴェンの「運命」の後にイーグルスの「ホテル・カリフォルニア」がかかり、続いてバッハの「パルティータ」が流れたりする。ベートーヴェンの後にイーグルスが出てくると、かなり衝撃的です。そしてイーグルスの後にバッハが出てくると、これがまたすごく新鮮だったりする。つまり、〝偶然の組曲〟というか、1曲聴くだけでは味わえない何かが、曲と曲とのぶつかり合いの中から生まれてくるんです。次に何が出てくるんだろう?というワクワク感。曲と曲の出会いの衝撃に、耳を委ねるのは実に愉しい。〝未知の次〟を期待する感覚はシャッフルでなければ、味わえません。気に入らなければ、送りボタンを押せば、また全然違った曲が出てくる。シャッフル再生すると音楽とは偶然の産物だと、妙に納得します。シャッフルとは、単なるネーミングではなく、新しい音楽の愉しみなのですね。もともと、好きな曲しか入れていないというのがポイントです。シャッフルで聴きたくもない曲ばかり出てきたら、アッという間にシャッフルを解除してしまうでしょうから。もちろん、「今日は○○をじっくり聴きたい」というときは、シャッフルを解除して、曲を指定して聴きます。

いずれにしても、iPodは愉しいですね。というのも、基本的に屋外で聴くわけですから、目の前の風景は当然移り変わっていく。たとえば目の前に夜景が広がっていれば、聴いている曲と〝都会の喧噪と孤独〟みたいなイメージが妙にマッチして、より感動したり。あるいは、沈む夕陽を見ながら聴くと、いつもの曲もまた違って聞こえたり。でも音質が悪ければ愉しめませんから、その点は気をつけましょう。

このように、iPodには多くの愉しみ方があります。そしてその愉しみは、部屋でピュアオーディオと対峙しているだけでは味わえない愉しみでもあります。オーディオ再入門をお考えの皆さんも、「若者向きだろう」と毛嫌いしないで、iPodにちょっと寄り道してみませんか？　もちろん高音質でね。

第8章　パソコンでもいい音を聴こう

ミュージックサーバーを作ろう

ｉＰｏｄを使いこなす過程で、あなたのパソコンには、数多くのデジタル音源が蓄積されているはず。それも、ロスレス圧縮という高音質の状態で……。いまやあなたのパソコンは、いわばミュージックサーバーになっているのですね。これを活用しない手はないです。そこで本章では、パソコンで音楽を聴く愉しみについて考察してみます。

パソコンで音楽を聴く手段としてもっとも手っ取り早いのは、前章でご紹介したｉＴｕｎｅｓというソフトを使い、好きな曲を選んでそのままパソコン内蔵のスピーカーで再生する方法。ただし、こうやって音楽を聴いても、クオリティーはものすごく低いことは覚悟しなければなりません。なぜなら、パソコンは音楽再生にもっとも向いていない電化製品だからです。丸ごとデジタルノイズのかたまりだし、冷却ファンの風切り音もハードディスクの回転音もきわめて耳障り。付属のスピーカーは安物だし、内部のオーディオ回路も、音質対策された部品など一つも使われていません。そもそもパソコンは、あくまで演算を行うための装置。音質などどうでもいいのです。

パソコンでいい音を聴くにはどうすればいいのか。据え置き型に限られますが、まず考えられるのは、オーディオボードを交換することです。オーディオボードとは、デジタル信号を音に変換するためのD／Aコンバーターなど部品一式を一枚の基板にまとめ、音声出力端子を備えたもの。パソコン内部に専用のスロットがあり、カード感覚で抜き差しできるため、オーディオカード、サウンドカードとも呼ばれています。たとえばウインドウズパソコンでは、おもに周辺機器メーカーからいくつもの製品が出ています。

以前、高音質オーディオボードのテストをしたことがありますが、音質対策されたものはさすがに音が良かったですね。その中でもズバ抜けていたのは、オーディオメーカーであるオンキヨー製品でした。音の輪郭の立ち上がり、立ち下がりがスピーディで、質感が高く、階調感もよく出ています。しっかりと締まった低音からすっきりと伸びた高音域まで、情報量も多いです。音楽的な意味での再現能力が良かった。

なぜ、これほどの音がするのかとオンキヨーの担当者に尋ねたところ、「ベクター・リニア」と名付けられた、ノイズ根絶のためのオンキヨー独自の技法が採用されているからということです。部品や回路からノイズが発生するのは避けられないが、発生したノイズをキャンセルすることはできるはず……という発想から開発された技術といいます。輻射ノイズが上下方向に対称性を持つことを利用し、ベクトル発生器と区間積分器から構成された回路の中で、上下対称のノイズ信号を打ち消すという仕組みです。

しかもこれは、パソコンの音質向上のためだけに開発されたものではありません。もともとCDプレーヤーやAVアンプのD／Aコンバーター部などのオーディオ機器における基本的なノイズ対策として開発されたテクニックなのです。このボードはアナログ出力の音が良いので、そのままオーディオ用のプリメインアンプに入力して、良い音で楽しめます。オンキヨーは、〝HDオーディオコンピューター〟と銘打った、HDC-1・0という音楽再生用パソコンも発売しています。パソコンとオーディオの融合に、いまもっとも熱心なメーカーといえるでしょう。

ホームネットワークの可能性

パソコンをあくまでミュージックサーバーとして使い、他のオーディオ機器で鳴らす（つまりパソコンで音を再生しない）という考えもあるでしょう。私が注目しているのは、２００６年のＡ＆Ｖフェスタでオンキヨーが提唱していた、ホームネットワークを使った屋内高音質音楽デリバリーシステム。パソコン内のロスレス圧縮音源は、ネットワークを介してＡＶアンプに配信されるのですが、ポイントは、パソコンはデコードせず、あくまでロスレス圧縮されたデジタルの音楽ファイルの形のまま配信されること。つまり、パソコンは純粋にミュージックサーバーとして使われ、クオリティーを維持したままの音源がＡＶアンプに送られるのです。そして、ＡＶアンプ側でロスレス圧縮信号をデコードすれば、パソコンの影響を受けることなく、純粋にきれいな音楽ソースとして利用できるのです。そんなアンプ製品が、２００７年の秋にはデビューすると予測されます。

音楽配信に注目してみよう

「パソコン」と「音楽」。この二つのキーワードを並べてみたとき、もう一つのキーワードが浮かんできます。「音楽配信」です。

インターネットでは、好きな楽曲を1曲からダウンロードできる、音楽配信が定着してきました。家にいながら最新ヒット曲が買えたり、CD発売前に人気アーチストの楽曲がチェックできたり、若者にとって、この音楽配信サービスはかなり利用価値が高そう。音楽配信は基本的にMP3やAACなどのロッシーな圧縮音源ですが、流行を追いかける若者は、それほど音質にはこだわらないのでしょう。しかし、最新ヒットチャートなどとは関係なく、自分の好きな音楽だけをいい音で手に入れたいと思う大人のための音楽配信サイトも、実は存在しているのです。

運営しているのはオンキヨーの音楽配信子会社・イーオンキヨー。懐かしのフォークソングやジャズの名演など、96kHz／24ビット（DVDオーディオ品質）の音源を、ロスレス圧縮で高音質のまま、すでに配信を始めています。

またソニー系のエニーミュージックも、リニアPCMによる音楽配信をスタートさせる予定と聞きます。アメリカには「ミュージックジャイアンツ」というSACDやDVDオーディオのマスター音源を、ロスレス圧縮で配信している音楽配信サイトもあります。先日アメリカの家電業界のイベントに参加したとき、デモンストレーションを聴かせてもらいましたが、ロスレス圧縮で聴いたビーチボーイズやローリングストーンズの音の素晴らしかったこと!

音楽配信がもたらす新しい愉しみ

パッケージメディアと別に、新しい音楽ディストリビューションの道が開けたことは、我々にとってきわめて重要なことです。一つが利便性のメリット。すでに低音質配信は人口に膾炙していますが、やはり思い立ったその場で、レコードショップに行かずとも高音質音楽が買えるというのは、とても便利なことです。

これまでは、アマゾンやHMVなどで好きなCDを購入するのが、音楽ファンにとってのインターネット利用のあり方でした。ところが音楽配信では、アルバムをバラして、楽曲というコンテンツそのものを購入できるようになった。とすれば近い将来、パッケージメディアが作られなくなる可能性もあります。1曲ずつ高音質配信で売買できるのであれば、何も楽曲をパッケージ化する必要はない。同時にCDも、CDケースも、ジャケットも不要で、その分モノや流通にお金をかける必要もなくなる……。

そうなれば、音楽業界も大きく様変わりするでしょう。レコード会社からすれば、これまではある程度売れる楽曲でなければパッケージ化できなかった。クラシックなら千枚前後、ポップスなら数千〜数万枚が目安とされ、それ以上の売上が見込まれなければ、CDとして販売しても採算が取れなかったんですね。ところがパッケージを作る必要がなくなれば、制約がかなりゆるくなってくる。音楽をデータとして保管しておくだけならその分のお金しかかからないし、短期間に一定の数を売る必要もありません。

私の好きなクラシックの世界でいうと、たとえばこんな楽しみがうまれるかもしれません。海外のある有名な交響楽団が来日して、東京・名古屋・大阪でコンサートを開いたとします。これまでならCD化されるのはどれか一公演だけ。ところがパッケージとして売る必要がなくなれば、東京公演、名古屋公演、大阪公演がそれぞれ録音されて購入できる可能性も出てくる。レコード会社からすれば、サーバーに入れておくだけでいいのですから。つまりコンテンツ制作に関する自由度が、それだけ高まるということですね。そうなったらその交響楽団のファンは、きっと三公演ともダウンロードするに違いありません。ダウンロードして一度自分のパソコンに取り込んでしまえば、あとはそれをCD-Rに焼いて、自分だけの3枚組アルバムを作るのもおもしろいでしょう。

モノとしての音楽、モノとしてのオーディオ

最後に、音楽配信とパッケージメディアに関連した私なりの意見を述べて、この章を締めくくろうと思います。

先ほど、CDというパッケージメディアはなくなるかもしれないと書きましたが、私自身は、決してそれを望んでいません。私はパッケージメディアに愛着を持っています。

第1章に書きましたが、ここ数年、日課としてこだわっているFMエアチェックは、私にとって音楽配信みたいなものです。特に貴重なのはクラシックのライブ演奏で、CD化される予定のないものは、一度チェックし忘れたら永久に聴くことができません。逆に手に入れることができれば、それはワン&オンリーの特別なものになります。

私はかつて、FMエアチェック大好き青年でした。当時はそれが青少年のごく当たり前の趣味になってきた頃で、『FMファン』(共同通信社)、『週刊FM』(音楽之友社)

などの雑誌が情報源として活躍していた時代です。私は『FMファン』誌に「わがエアチェック人生に悔いなし」と題して次のような投稿をしています。言いたいことはいまでも変わっていません。ここに再録してみましょう。

「わがオーディオルームには壁面狭しとテープが並んでいます。モノラル時代の5号テープあり、ステレオ時代の7号テープあり、それにカセットあり……。われながらよくぞ録ったものだと感心しますが、この頃フト疑問が沸いてきたのです。『いったい僕は、このたくさんあるテープのうち、どのくらいをもう一度聴いているんだろう』。そう考えてみると、なんだか心寒い気になります。でも僕は、それでいいと思っているんです。なぜなら「いつでも聴ける」という保証を録音するのだから。たとえ聴けなくても、この財産は心を豊かにしてくれます。プリンの味は食べてみないとわからないとは有名な諺ですが、プリンを眺めるのもオツなものではありませんか、皆さん」(75年5月19日号)。

まるであの頃にエアチェックしたテープをいま再生しているかのような気分がします。この投稿では、何か気の利いたことを書こうと思って最後のプリンのくだりを考えるのに苦労したことを思い出します。

好きな音楽に形を与える

さて今の時代、FMエアチェックといっても、昔のようにテープに録音するわけではなく、第1章で述べたようにエアチェックした音源は、ヤマハCDR-HD1500というHDD／CDレコーダーに録音し、編集してから音楽用CD-Rに焼いています。この、CD-Rに記録するという作業がとても大切だと思っています。単にハードディスクにデータとして入っているだけなら、それはあくまでバーチャルなものに過ぎない。自分の所有物かどうかもはっきりしません。しかしCD-Rに焼けば、それは手でさわることもできるし、タイトルをつけて眺めることもできる。そうなったとき初めて、その音楽は私にとってリアルなものになるし、自分の愛着物になるような気がします。

この、自分のものにするということこそが、コレクションの愉しみ。好きな音楽だからこそ、それに形を与え、自分の手元に置いておきたい。棚に並べて眺めていたいのです。CD-Rに焼いて、自分のコレクションを増やしていくのはとても愉しい。オーディオの愉しみは、なにも音楽を聴くことばかりではないような気もします。音楽配信でもダウンロードしたコンテンツをパッケージメディアで保存するのが、最高でしょう。

第9章　マルチチャンネル再生に挑戦

21世紀型マルチｃｈのすすめ

ここまでは、すべて2ｃｈの音の話をしましたが、グレードアップの方向として、マルチｃｈにチャレンジするのもいいですね。そのメディアはＳＡＣＤ、ＤＶＤオーディオです。この二つについては、第6章で述べましたが、その時は、2ｃｈの次世代メディアとして、でした。実はこの二つは、マルチｃｈも実現しているのです。

マルチｃｈとは何か。それは「5・1ｃｈ」と言い換えてもいいでしょう。2ｃｈとは、左右に二つのチャンネル（スピーカー）を配置しますが、マルチｃｈでは、それにセンターｃｈ、リアの左右ｃｈを加え、5ｃｈとし、さらにスーパーウーファーを0・1（情報量が他の信号の10分の1ということです）ｃｈ加えて、合計、5・1ｃｈという算段です。音に囲まれるという意味で「サラウンド」ということもあります。

左右にスピーカーを配置する2ｃｈ方式は、確固たるものとして全世界的に確立していますが、スピーカーをサラウンドに配置するマルチｃｈは、何回となく試されているものの、これまではすべてが失敗の連続でした、今から25年ほど前には、4ｃｈブームが起こったものの、結局は廃れました。でも今度のマルチｃｈは、それらとはまったく質的に異なるのです。従来の試みを仮に「20世紀型」とすると、これから挑戦すべきは「21世紀型」のマルチｃｈといえるでしょう。では「21世紀型マルチｃｈ」とは何でしょうか。それは臨場感再生と高音質再生が同時に実現される世界です。その結果、2ｃｈに比して圧倒的な音楽の感動量が獲得でき、音楽の実体がより凄みのあるリアリティを伴って、耳に飛び込んでくるのです。

まず「臨場感再現」の凄さ。音楽は音源のみで奏されるものではないという大原則は2ｃｈステレオだけ聴いていると、うっかり忘れがちになります。音楽には必ず、奏される「場」があるということが、マルチｃｈでは体感できるのです。

メディア発展の歴史は「臨場感の獲得」の歴史といっていいでしょう。チャンネルが増えると共に、演奏現場の「空気感」もより巧みに再現されるようになり、「場」の雰囲気がよりリアルに伝わるようになってきました。２ｃｈでは音像が前方にあり、音場は、前方二つのスピーカーの間にできます。それは演奏者に対して、ある距離を持って客観的に聴いているという感覚です。ところが、ＤＶＤオーディオ、ＳＡＣＤは最高６ｃｈまでの描き分けができます。その感動性は恐ろしいほどです。自分が音楽再生の、まさにその場に立ち会うかのように、音楽の実体がより凄みのあるリアリティを伴って、耳に飛び込んできます。いや、全身で体感するようになります。音楽との距離が一挙に縮まります。

観客席で聴くもスタジオで聴くも自由自在

マルチｃｈソフトには大別して二種類の音源配置方法があります。まず前方にステージイメージを作り、サラウンドｃｈにはアンビエント（雰囲気音）を配す「ホール型」。これは会場の特等席に座って演奏を楽しみ、音の空気感を肌で感じる構図ですね。ステージ上で奏でられた音が、広いホールの空間の四方八方に飛び散り、砕け、観客に向かって温かな音の粒となり、届く——という一連の音の時間的なスペクタクルが、リスニングルームで居ながらにして綴られるのです。

二番目はスタジオ型音源配置です。こちらはリスナーが演奏場の中にいるというものです。自分がバンドの一員になったかのようなスリリングなセッション感覚がたっぷりと味わえます。きわめて主観的に、積極的に音楽を楽しむ位置関係であり、これは2chオーディオでは、絶対に体験できません。

高臨場感×高音質のダブルメリット

ここまでの叙述は、ホームシアター環境のAVマルチchと、映像なしのピュアマルチchに共通することですが、ピュア系がAV系のマルチchと異なるのは、音質そのものです。DVDにおけるドルビーデジタルやDTSのAV系のマルチchは、ロッシーな圧縮音声です。これは情報量の多い映像も同時に収録しなければならないので、音は圧縮しなければならないという事情からです。ところが映像なしであれば、その分をすべて音質部に投入することができます。

具体的に言うと、DVDオーディオもSACDマルチも、DVDビデオと同じ10Mbpsの転送レート。DVDビデオでは、音声に最大1・5Mbpsしか割り当てられないのですが、ピュア系では10Mbpsすべて音の領分です。つまり、音質がもの凄く良いのです。

SACDマルチのDSD方式、DVDオーディオの96kHzサンプリング／24ビットのマルチchの音質（正確に言うと、ロスレス圧縮）は、現行のCDとは次元の異なる地平です。この超絶のハイファイサウンドが、リスナーを取り囲む360度の音場で聴けるということこそ、21世紀型のマルチchの最大のポイントなのです。つまり「高臨場感×高音質」というダブルメリットなのです。

マルチchに必要な機器と、スピーカーの配置

マルチch再生に必要な機器は、SACDやDVDオーディオがマルチchで再生できるユニバーサル・プレーヤー、マルチch用のアンプ、そして5・1chのスピーカーシステムです。

マルチｃｈを愉しむポイントは、まずスピーカーの選択と配置です。スピーカーは前方左右と中央、後方左右にサラウンド配置するわけで、原則としてすべてが同じスピーカーであることが望ましいのですが、センターとサラウンドに関しては、左右のメインと同じメーカーのもので、中域ユニットが共通なスピーカーなら小型のスピーカーでもOKでしょう。マルチｃｈのヴォーカルソフトであっても、センターｃｈのみで声を発するものは意外に少なく、ヴォーカル成分を左右に振り分け、３ｃｈで豊かな音場をつくっているものが多いことも、それを薦める理由です。

問題はサラウンドの配置です。スタジオでマルチｃｈのミキシングをする場合は、国際規格であるＩＴＵ‐Ｒ配置で行います。これは、リスナーの正面にセンタースピーカーを配置。そこから左右30度の位置にフロント左右のスピーカーをセット。リアスピーカーはセンターから左右１００～１２０度の位置……と正確に定められているのです。同心円状にスピーカーを配置し、聴取位置と各スピーカーの距離を同じにして、同じ音圧でサラウンド再生するというのが眼目です。

このＩＴＵ‐Ｒは、確かにスタジオにおける標準配置ですが、しかし、ユーザーは絶対にそれに従わなければならないのかというと、それは違うでしょう。実際のところ、ITU-R配置でちゃんとしたスピーカーが置ける部屋というと、極端に広くなければなりません。私がさまざまに配置を試した結果では、厳密にITU-Rの配置にせずにリアスピーカーの位置をもっと後方に下げても（つまり、映画用のサラウンドスピーカー配置）、レベルコントロールを適切に行うなら、それほど不自然感はありません。ITU-R配置はスタジオオンリーと割り切って、ユーザーとしてはもっと気軽にマルチchの素晴しさを愉しむのが賢いでしょう。少しのスピーカー位置の違いで、感動が劣るほど、DVDオーディオもSACDマルチの音楽性は低くありません。

リアスピーカーの置き方を工夫してみるのもよいでしょう。位置を上げたり、向きをちょっとオフセットしてみるのもお勧めです。とにかく、いろいろ試してみましょう。

第二にプレーヤーとAVアンプを結ぶケーブルをどうするかも問題です。本命が、i・LINK（専用ケーブル）、HDMI（同）、デノンリンク（イーサネットケーブル）のデジタルインターフェイスです。なぜなら、ケーブル数が劇的に減るからです。これまでのアナログ接続では、5・1チャンネルの6本のRCAケーブルで、プレーヤーとAVアンプを結ばなければなりませんでした。ただでさえ混雑しているアンプの裏側がさらに複雑になり、まさにスパゲッティになってしまいます。そのうざったさを解消するのが、たった1本で、5・1チャンネル信号を伝送するデジタル・インターフェイスです。

i・LINKとHDMIは国際標準、デノンリンクはデノンのアンプとプレーヤーの間の私的インターフェイスです。伝送できる信号の種類が異なることに注意が必要です。映像と音声信号の二つを送れるのはHDMIのみ。次世代オーディオについてはDVDオーディオとSACDの両者の伝送は三つとも対応。製品への採用状況は、i・LINKが比較的高級機に、HDMIは普及機から高級機と幅広く展開しています。デノンリンクは当然デノン製品のみです。今後のトレンドを考えると、HDMIが主流です。

私が感動したマルチchシステムとタイトル

ではマルチchを愉しむ具体例として、まず私がさまざまに試聴し、納得した製品を紹介しましょう。ソース機器のユニバーサルプレーヤーでは、音質にこだわったプレーヤーを選びました。具体例を挙げると、パイオニアのDV‐AX5AVi、デノンのDVD‐3930、DVD‐2930は音質の素晴らしさで、評価が高いです。もちろんDVDの画質も水準が高い。マルチch用のアンプはハイエンド製品以外であるなら、まずはAVアンプになります。音の良いAVアンプとしては、たとえばデノンAVC‐3930、ソニーTA‐DA3200ES、ヤマハDSP‐4600などが挙げられるでしょう。

スピーカーは、単品で5・1chを組むのが本格的ですが、まずは入門用としては、トータルセットとして編まれた製品がよいでしょう。私のいちおしはイギリスの名門KEFの「KHT3005G」。小さなサテライトスピーカー＋スーパーウーファーというシステムです。音の骨格感がしっかりとし、レスポンスも俊敏で、質感高く聴かせてくれます。音楽を堪能するためのボキャブラリーが豊富で剛性感が高く、安定した音です。KEF独自の傑作同軸ユニットUni‐Qによる基本的な特性の高さと、思いを込めた音づくりの成果ですね。

「ホール型コンテンツ」と「空気感型コンテンツ」

次にコンテンツです。ＳＡＣＤとＤＶＤオーディオのマルチｃｈタイトルはいかに音楽の場を再現するのでしょうか。私が大切に聴いている作品をご紹介しましょう。

第一は「ホール型コンテンツ」です。まずはＳＡＣＤです。マイケル・ティルソン・トーマス指揮サンフランシスコ交響楽団のマーラーの第六交響曲（ＡＶＡＮＴＥ）。もの凄い緊張感が音場空間から伝わってきます。ハイテンションで奏された音の粒子が、ハイスピードで空間を駆けめぐる様子が手に取るように見えるのです。音の輪郭、切れ味もきわめてシャープです。マーラーの複雑なオーケストレーションは、ＳＡＣＤのマルチｃｈにて初めて十全に体感できました。

マーツァル指揮／チェコ・フィルハーモニーのマーラー交響曲第3番（エクストン）。マーラーの複雑なオーケストレーションを細部まで彫り込んで見せるという解像度指向のものではなく、演奏会場の様子を眼前の臨場感で聴かせる音場指向のサラウンドです。音が実によく練り込まれ、距離感がよくわかります。手前の低減と、奥の金管の距離感も、ビジュアルで見えるほど上手く再現されます。

モーツァルトの協奏交響曲変ホ長調（ソニー・ミュージック）も素晴らしいです。五嶋みどりのヴァイオリン、今井信子のビオラ、エッシェンバッハ指揮北ドイツ放送交響楽団の演奏です。温かい音場感です。場の響きが厚く、しかも深い。空気感が充実し、リスニングルームが音の粒で包まれるよう。その飛び方もいたずらに速くなく、悠々としているのですね。音の滞空時間が長く、その粒が鋭角ではなく、角が丸みを帯びています。はっきりくっきりというのではなく、ウォーム感が愉しいサラウンドです。

ペンタトーンの児玉麻里のベートーヴェン「ワルトシュタイン」ソナタはスケールの大きさに圧倒されます。ピアノという単一楽器がサラウンドでどのように聴けるか。精密でしかもダイナミックな切れ込みが、大ベートーヴェンの音楽世界を堪能させてくれます。ベートーヴェンのピアノソナタは、壮大な構築力、意志力、前進力が大きな特徴といえ、ここではナチュラルな響きにして、輪郭にエネルギーが充満した音の世界が構築されています。冒頭のスフォルツアンドがサラウンド音場に深く刻まれる様子からは、音符に込めた作曲家の魂の叫びを聴くようです。単一楽器だから、サラウンド音場の魅力がより精密にわかるという言い方もできますね。奥行き方向、天井方向にも音が充満するという音場は、ヨーロッパの伝統的なプレゼンスです。

同じペンタトーンのグリンカ「ルスランとリュドミーラ」も素晴らしい。2003年2月のボリショイ・オペラライブが収録されているのですが、実に豊かな音場感、高さ方向にまで広がるサラウンド感。音の輪郭が丁寧にナチュラルに描かれます。これほどのみずみずしいオペラライブは、なかなか聴けません。

DVDオーディオでは音場の分厚さに焦点を当てて収録、制作された「フランチスカーナ修道院のベーゼンドルファー275」(ジェネオン・エンタテインメント)が聴き物です。これを聴くと音楽感、人生観が変わるといっても過言ではないほどの画期的音場です。

フランチスカーナ修道院——つまり、天井が高く、石づくりの壁により、残響が驚くほど長い——という環境で収録されたものです。第1曲目のJ・S・バッハの「2声のインヴェンション」を聴くだけで、いかに西洋音楽の鑑賞には「場」の情報が必須なのか、たちどころにわかります。ピアノの音が、発せられてから、広い会場に拡散し、それがまた新しい響きを積み上げ……という響きの分散が、音楽のきわめて重要なエッセンスであることが、このマルチｃｈディスクを聴くと、体でわかるのです。西洋文明とは、西洋音楽とは何か……という深い考察に発展する音場再現です。これは「空気感型コンテンツ」と名付けてもいいでしょう。

音楽の「場」に立ち会う感動が得られるマルチｃｈ

第二のスタジオ型音源配置の代表はキングレコードがリリースしたコントラバス六重奏団、オルケストラ・ド・コントラバスの、その名も「ベース、ベース、ベース、ベース、ベース＆ベース」（ＤＶＤオーディオ）です。マルチｃｈの各スピーカーから1本ずつベース音が奏されるのだから、たまりません。オルケストラ・ド・コントラバスの面々が、自分の周りにちょうど円形に散らばり演奏するわけで、これを凄いと言わずして何が凄いのか。そこには音楽の「場」に立ち会う感動があります。

スタジオ型では、加えてＤＶＤオーディオのドイツのＴＡＣＥＴ（タチェット）レーベルのサラウンド作品が素晴らしいです。このレーベルは室内楽のみに限定し、しかも、演奏の質が非常に高いことが特徴です。数多くリリースされていますが、面白いのは、一作ごと、それも曲ごとに音源配置を変えていることです。前方と後方、そしてサイドの音像で各楽器を配置するもので、リアｃｈからビオラが、サイドからヴァイオリンが……というように、常識に囚われない大胆さで収録されているのです。

室内楽というと、常識的には左から右へ、高域から低域楽器に配置されるのが普通ですが、それは音像的には、前方に離れたところから聴くようなスタイルです。しかしＴＡＣＥＴ作品には、これまで聴いたこともないような音場の新鮮さがあります。これは演奏の優秀さも含め、マルチｃｈの模範ディスクといえるでしょう。

クイーンの「ボヘミアン・ラプソディ」（ＤＶＤオーディオ、ＤＴＳ）は私の大好きな1枚です。フレディ・マーキュリーが生きていたら、こんな派手なエンターテインメントを作っただろうなという感じ。典型的なスタジオ型の録音で、曲調に合わせて音が前や後ろや横や斜めに飛ぶんです。ロックの音場が移動感によって表現されていて、すごく楽しい。テーマパーク的な楽しさといえばいいでしょうか。

超高音質なマルチｃｈ音場をＳＡＣＤやＤＶＤオーディオで聴くことこそ、現代の最高の至福といっても過言ではありません。音楽を体で聴く幸せとはこのことです。

第10章　高音質ホームシアターにようこそ

音もこだわったホームシアターを

DVDビデオの普及とともに、この十年来、すっかり一般名詞化した感のある「ホームシアター」。オーディオファンは、しばしば映画ファンであったりもしますから、この言葉に、一種の憧れを抱いている方も多いのではないでしょうか。そこで本章では、オーディオとは異母兄弟ともいえるホームシアターについても、簡単に触れておきます。

特に何の形容詞もつけずに「ホームシアター」といった場合、それはあくまで映像中心のシステムになります。主役はもちろん、プロジェクター（映像投射機）＋スクリーン（投射膜）、あるいは大画面テレビです。映像再生機器であるDVDプレーヤーはひっそりと控え、その横にAVアンプが並び、視聴者の周囲を6本のスピーカー（5・1

ｃｈ）が取り囲むスタイルですね。とはいえ、本章のように〝高音質ホームシアター〟と定義した場合、少し事情が違ってきます。あくまで音質を重視するということであれば、ピュアオーディオの一つの発展形とも考えられるからです。

たとえば、ＣＤプレーヤー、プリメインアンプ、ピュアオーディオ用の2本のスピーカーで、すでにシステムが完成しているとします。それを高音質な2ｃｈホームシアターへと発展させるには、ＤＶＤプレーヤーと映像機器を加えればいい。ＤＶＤプレーヤーはお好みのモデルを選んでいただくとして、ここで私がおすすめしたいのはプロジェクター。というのも、ピュアオーディオとホームシアターを両立させたい場合、映像はどうしてもスクリーンに映したいからです。

夢ではないオーバー100インチの世界

第5章でスピーカーのセッティングについて解説しましたが、そこに一点付け加えるとすれば、2本のスピーカーの間には、実は何も置かないのがベスト。何か物体があれば、それが必ず音質に悪い影響を与えます。ホームシアターの場合、その物体はテレビということになりますが、そうなると音質はかなり悪化しますね。最悪なのがリアプロジェクターで、サイズが大きいわりに中が空洞なので、低域を吸ったり、逆に低域に共鳴したりして、必ず音を濁らせます。そんなことでは、せっかくの音の良いピュアオーディオ用スピーカーが泣くというもの。

スピーカーの間には何も置きたくない。しかし、ホームシアターとして映像も愉しみたい。そんなとき活躍してくれるのが、プロジェクターとスクリーンです。スクリーンは、床置き式のものを推薦します。天井から吊すのではなく、いつもは床に置いた細長いボックスに収納されていて、映像を投射したいときだけ、ボックスからスクリーンを引き揚げて使用するタイプです。これなら、音楽鑑賞時にはスクリーンを収納しておきますから、音質にはまったく影響を与えません。映像を映したいときだけ、スクリーンを立ち上げればOK。スクリーンの音質への影響は、中央にテレビを置いた場合より遥かに少ないです。こうして、いい音といい画が同じ部屋に共存できるのです。

スクリーンとペアで使うプロジェクターも、最近はとても買いやすくなりました。たとえば、三菱LVP‐HC5000やパナソニックTH‐AE1000など、フルHD

の液晶プロジェクターが実売価格30万円前後で買えます。価格的には、かつての10分の1ですね。しかも、設置に対する自由度が高くなっています。必ずしも天井に設置する必要はなく、手頃な台や後ろの棚に置いて使うことができます。いまやプロジェクターもスクリーンも、すっかり使い勝手のいい時代になったのです。

右に述べた映像機器をシステムに追加した場合、予算の目安はプロジェクター30万円、スクリーン10万円、ＤＶＤプレーヤー10万円。総額50万円の出費で、あなたのオーディオシステムは、音も映像もクオリティーの高いホームシアターに変身するでしょう。

ホームコンサートホールで新たな高音質を体感する

こうして、あなたのオーディオシステムは、高音質な2ｃｈホームシアターに生まれ変わりました。さあ、最初に何を再生しますか。音にこだわっているあなたは、まず音楽ＤＶＤソフトでしょうか。そうなるとあなたのシステムは、高音質ホームシアターというより、高音質ホームコンサートホールになるのかもしれません。

ＤＶＤビデオの音声信号は、２ｃｈがリニアＰＣＭ、５・１ｃｈがドルビーデジタルかDTS。いまはまだスピーカーが2本しかありませんから、当然2ch音声で再生するわけですが、ここで、あなたは音の良さに驚かれるはずです。リニアPCMのスペックは48kHz／16ビットと96kHz／24ビットです。つまり通常のCDより音の解像度は高いのです。ここ数年、クラシックのDVDソフトが豊富に供給されるようになりましたから、聴いてみたい、見てみたいソフトが次々に見つかるはず。

特にオペラは、高音質なホームシアターで観ると最高でしょう。映像を見ながら字幕スーパーも読めるので、CDを聴きながらブックレットを読んでいたときとは、理解度が違う。場面の展開が、すっと頭に入ってくるのです。字幕はOFFにもできるので、オペラ上級者の人は舞台の映像だけじっくり見ることもできます。不思議なもので、人の視覚と聴覚には、相互に補完しあう作用があります。画面がある大きさ以上になれば、映像を見て音楽を聴いたとき、音楽だけでは味わえない大きな感動があなたを包み込みます。「ホームシアターにしてよかった！」と実感する瞬間です。

もちろん、映画だって2chで愉しめます。映画に含まれる音声信号は、ダイアローグ（セリフ）、音楽、サウンドエフェクト（効果音）。音楽再生用の高音質スピーカーで聴く音は、いままで聴いていたテレビの音とは、まるで次元が違います。この映画のテーマ曲はこんなに感動的だったのか、とか、この俳優の声はこんなに渋かったのか、とか、きっと新たな発見があるはずです。

ＤＶＤプレーヤーの追加は、実はさらなる可能性を秘めています。いまどきのＤＶＤプレーヤーは、特にそれが10万円クラスになると、ユニバーサルプレーヤーとして、ＳＡＣＤやＤＶＤオーディオを再生する機能を搭載していることが多い。つまり、あなたのオーディオシステムは、新たにＳＡＣＤ、ＤＶＤオーディオという、高音質音楽メディアまで再生できるようになったわけです。残念ながらマルチｃｈでは再生できませんが、２ｃｈで、次世代音楽メディアの高音質をぜひ体験してみてください。

ホームシアターとピュアオーディオを両方愉しむ

一度ホームシアターの素晴らしさに目覚めると、ある時点から、５・１ｃｈへの展開も視野に入ってくるはず。それは当然の欲求です。買いそろえたＤＶＤソフトやＳＡＣＤに５・１ｃｈ音声が入っていれば、それを聴いてみたくなるのも人情ですから。

そこで私が提案したいのは、あくまでピュアオーディオシステムとしてのこだわりを残しながら、スムーズに5・1ｃｈに移行する方法です。

新たに必要になるのは、ＡＶアンプと2本のリアスピーカー、それにセンタースピーカーとサブウーファー。スピーカーは、現行のメインスピーカーと同種の音色を持つものが望ましい。それぞれの機器を購入したとしても、こだわって選んだ現用のＣＤプレーヤーとプリメインアンプも残しておくべきです。結線方法は次のとおり。ＤＶＤプレーヤーのデジタル音声出力をＡＶアンプのデジタル音声入力へ。2本のリアスピーカー、センタースピーカー、サブウーファーのスピーカー出力はＡＶアンプから取る。ＡＶアンプのプリアウト端子のフロント2ｃｈ信号をプリメインアンプの入力端子へ。ＣＤプレーヤーの出力端子はプリメインアンプの入力端子へ（従来のまま）。

このハイブリッドな接続方法のメリットは、ＣＤプレーヤーの2ｃｈステレオが、そのままプリメインアンプの高音質で聴けること。また、2ｃｈでのＤＶＤ再生でも、フロントは実質的にプリメインアンプで鳴らしているため、音のクオリティーや好きな音のキャラクターを維持できることです。厳密に言えば、5・1ｃｈの場合に、メインｃ hとそれ以外ではアンプの種類が異なることですが、私の日頃の経験でいうと、それほど問題にはなりません。私のシステムも、実はそうしているのです。アキュフェーズのAVプリアンプ、VX-700の5・1チャンネル出力のうち、メインの2chは、ザイカの真空管式プリメインアンプに入り、そこから、メインアンプであるザイカの845プッシュプルアンプに入ります。これはDVDの5・1チャンネル信号の経路ですが、CDプレーヤー（LINNのCD-12）のアナログ信号は、ザイカのプリメインアンプに直接入り、そこからメインアンプに行きます。つまり、CDプレーヤーを再生する時は、そのプロパーの音質がそのまま得られ、5・1チャンネルにも、プリメインアンプの入力を切り替えるだけですぐに対応できるのです。私の場合は、アキュフェーズのAVプリアンプの剛毅でハイエナジーな音が、真空管アンプを通ることで、艶っぽく、ヒューマンなテクスチャーが加わることを愉しんで聴いています。

いまもシステムに残っているCDプレーヤー、プリメインアンプ、フロントスピーカーは、あなたがオーディオ再入門を思い立ち、コンポ選びに奔走した頃から苦労をともにしてきた、いわば〝戦友〟。いつまでも手元に置いて、可愛がってあげましょう。

おわりに～音楽があれば愉しく生きていける～

今年2007年はオーディオ復興元年かもしれない、と、ふと思います。

昨年のモーツァルト・イヤーで火がつき、ドラマ『のだめカンタービレ』で社会現象にまで発展したクラシック音楽のブームは、いま人々の心に、音楽の感動を改めて伝えています。クラシックのCDがヒットチャートに顔を出すなんて、いったい誰が想像したでしょうか。殺伐とした世の中だけど、素晴らしい音楽があれば愉しく生きていける――。人々はそう気づき始めたのかもしれません。

SACD、DVDオーディオ、iPod、音楽配信……。周りを見渡すと、私たちはいつの間にか、数多くの音楽メディアに囲まれていました。CDが登場して25年。デジタル技術は着実に進歩の跡を見せ、ほんの少し手を伸ばせば、誰にでも簡単にデジタルの高音質が手に入る時代になったのです。

そして、2007年は、団塊の世代の人々が、数十年ぶりに静かな時間を取り戻し始める年。もしかするとオーディオメーカーも、そういった人たちの需要を見込んでいたのかもしれません。数年前から、大人が使うのにふさわしい高品位コンポを、次々に発表し始めたのです。長らく〝死に体〟だったオーディオ業界は、いま、ようやく息を吹き返しつつあります。

音質を向上させながら、ますます充実していく音楽ソフト。それらをいかにもいい音で鳴らしてくれそうな、久しぶりに力の入ったオーディオコンポ。そして、もともと音楽が大好きだったのに、しばらくオーディオを忘れていた大人たち。この三者が一点でクロスオーバーしたとき、何かが起こりそうな予感がします。

本書は、昔オーディオを卒業したアナログ世代に向けて、デジタルオーディオの「いま」をわかりやすく解説するために書きおろしました。なぜなら、ようやく自分の時間を取り戻しつつあるオーディオ卒業生の皆さんにとって、ソフトもハードも充実しつつあるいまほど、オーディオ再入門にふさわしい時期はないと思ったからです。でも、若い人にも読んで欲しい。音楽が大好きであれば、いいオーディオでいい音を聴きたいと思わない人はいないでしょう。

今日のオーディオ界ではデジタルが主流ですが、しかし根っこのところは、皆さんが現役だった頃と何も変わっていません。本当にいい音というのは、自然で、人間らしくて、温かな音のこと。デジタルはいま、アナログの音に少しでも近づこうと日々努力しています。そしてその努力は、少しずつ実を結びつつあります。

20世紀のデジタルオーディオは、「デジタルになったことが素晴らしい！」みたいな傾向があって、その感動だけで終わってしまいました。ですが21世紀型デジタルというのは「人間の感覚にふさわしいデジタルって何？」という、人の感覚によりフィットした使い方を目指していってほしいと思います。技術に驚くのではなく、本来の目的を見失わないということです。

目的は音楽です。音楽からいかに感動を得るかが一番大切です。そしてその感動を得るための重要な手段としてデジタルがあるのですね。

本書をお読みになったひとりでも多くの方が、ふたたびオーディオに興味を持ち、趣味のオーディオに喜びを見出していただければ幸いです。

そして皆さんが、より豊かな音楽生活を送られることを願ってやみません。

２００７年4月　麻倉怜士

麻倉怜士（あさくら れいじ）
オーディオ・ビジュアル／デジタル・メディア評論家。1950年生まれ。横浜市立大学卒業後、日本経済新聞社などを経て、独立。『レコード芸術』（音楽之友社）『HiVi』（ステレオサウンド）をはじめ新聞、雑誌、インターネットなどで多くの連載、定期寄稿を行うほか、テレビ出演も多数。著書に『松下電器の Blu-rayDisc 大戦略』（日経ＢＰ社）『イロハソニー　ブラビアイロノヒミツ』（日経ＢＰ企画）などがある。日本画質学会副会長。津田塾大学講師（音楽学）。

編集協力　盛田栄一

アスキー新書　012
やっぱり楽しいオーディオ生活

2007年5月25日　初版発行

著　者　　麻倉怜士
発行人　　福岡俊弘
発行所　　**株式会社アスキー**
〒102-8584 東京都千代田区九段北1-13-5 日本地所第一ビル
電話（出版営業）03-6888-5500　（編集局）0570-064008

装　丁　　緒方修一（ラーフイン・ワークショップ）
印　刷　　凸版印刷株式会社

アスキー新書編集部

ISBN978-4-7561-4923-7　　**Printed in Japan**
・1191692

◇ウェブ読者アンケート　http://mkt.uz.ascii.co.jp/
◇プライバシーポリシー　http://www.ascii.co.jp/privacy.html
◇アスキー本と雑誌　http://www.ascii.co.jp/books/
◇正誤表　http://www.ascii.co.jp/books/support/